JN041874

動物園を考える

日本と世界の違いを超えて

佐渡友陽一

Yoichi SADOTOMO

東京大学出版会

Thinking about Zoos :

Beyond the Differences between Japan and the World

Yoichi SADOTOMO

University of Tokyo Press, 2022

ISBN978-4-13-062232-5

はじめに
──少し長めの自己紹介と問題提起

あなたは動物園が好きですか？　この本を手に取ってくださったということは、動物園が好きか、嫌いか、いずれにせよ関心があるのでしょう。この本は、どちらの人にも読んでほしいと願っています。動物園に就職したい人も、ぜひ参考にしてください。

あなたは動物園にどんな思い出がありますか？　これは、あなたが育った地域によって大きな差があるでしょう。関東や関西、東海地方など動物園の多い地域もあれば、山形県や新潟県、鳥取県、島根県のように公益社団法人日本動物園水族館協会（略称 JAZA）加盟の動物園

がない地域もあります。それでも多くの人にとって動物園は「子どものときに家族と一緒に、あるいは遠足で行った場所」になるはずです。

私自身は 1973 年生まれの静岡市育ちですが、ここには 1969 年開園の静岡市立日本平動物園があります。この写真は、フラミンゴを背景に幼い私を撮ったものです。親によれば、私は毎週のように「動物園に行きたい」と言っていたそうですが、特別に好きな動物がいたわけではない気がします。私にとって動物園とは、家族で行くと楽しい場所だったのでしょう。私だけでなく、動物園にはまだ言葉を話せない子どもを連れた家族もたくさん来ます。動物園は「親が子どもを連れて行く場所」なのです。

その後、私が鮮明に覚えているのは、小学校の遠足で動物園に一緒に行った上級生にもらったホッキョクグマの絵がうまくて驚いたことや、中学のときに一度だけ学校帰りに寄ったときに飼育員さんが動物舎に入れてくれてマレーバクに触れたことです。たしかこのときは家に帰りたくない気分だったはずです

が、その事情は覚えていません。でも、上野動物園が公式 Twitter で「学校に行きたくないと思い悩んでいるみなさん」に「動物園にいらっしゃい。人間社会なんぞに縛られないたくさんの生物があなたを待っています」と発信して話題を呼んだときには、それはあるよなぁと感じました。その後、日本平動物園で働くことになった私は、10 年以上経ってこの飼育員さんに御礼を言えました。当時は名前も知らなかった飼育員さんの雰囲気やバクの肌の感触は覚えていたのです。このような思い出を「エピソード記憶」と言いますが、みなさんもなんらかの思い出が動物園にあって、それが動物園の印象を左右しているのではないでしょうか。

　血を見るのが嫌いだった私は、大学では物理・化学系に進みました。ただ、動物番組は好きで「野生の王国」「生きもの地球紀行（今は「ダーウィンが来た！」）」「わくわく動物ランド」などはずいぶん見ました。そして大学 4 年のときに上野動物園で卒業研究を行なうというプランに飛びついたのです。そのとき、実習生として 3 年間お世話になったのが普及指導係長（当時）だった石田 戢さん（『日本の動物園』の著者）です。このころ、上野動物園では「ゴリラ・トラのすむ森」が完成し、地球生物会議 ALIVE によるズーチェックがあり、私は動物園研究会の立ち上げを手伝いました。現在の市民 ZOO ネットワークの仲間と知り合ったのもこのころです。かくして、賛否両論を含めて動物園をどう考えるかが、私の基軸になりました。論文の中心テーマはサル山関連だったので、サル山も担当するゾウ班（当時の班長は川口幸男さん）で飼育実習もしました。この写真はそのときに撮ってもらったものですが、私は 1 週間で腰を痛めてしまい、飼育の仕事では自分より優れた人がたくさんいるから別の道を行こうと決めました。

　修士課程を修了した私は、静岡市役所の行政事務職員になりました。日本平動物園は静岡市役所の一部で、園長は市役所の課長級です。このような形を「直営」（自治体直営）と言いますが、動物園を良くするために働きたいけど、動物園のあり方自体も考えたい私

にとって、動物園を直営する市役所は理想的な職場でした。私は最初に日本平動物園に配属され、8年間在籍しました。その4年目に静岡市の姉妹都市であるアメリカ合衆国（以下、米国）オマハ市に派遣され、全米ベスト10に入るほど大規模なヘンリードーリー動物園に4カ月住み込みでお世話になりました。それで身に染みたのは、米国の動物園は成長スピードが格段に速いことです。帰国後も10年以上、静岡市役所に勤務し、動物園以外の職場も経験した私は、市役所の論理で動物園を良くするのは限界があり、とても米国の真似はできないと考えざるをえませんでした。

　2015年に静岡市役所を辞めて帝京科学大学の教職に就いたのは、市役所の論理を超えた動物園を実現するためです。動物園経営を国際比較する研究費（科研費）を得た私は、米国とドイツ語圏の動物園を巡り、とくに米国ではロードサイドZooと呼ばれる劣悪な動物園も回りました。国内でも、「これは動物園と呼べるのか？」と眉をしかめたくなる施設も含め、国内130園、海外50園ほどを見てきました。海外とは言っても、ほとんどが米国とドイツ語圏なので「世界の動物園」というのは風呂敷を広げすぎかもしれませんが、世界の動物園の最先端はこの両地域なのです。この本では、そんな私が見た日本の動物園の良いところと悪いところを確認し、どうしてゆくべきか考えます。とくに動物園で働きたいと思っている人は、どんな心構えで臨めば良いのか、じっくり考えてください。

目次

1 動物園と動物園学の課題

1.1 動物園とはなにか

　まず、動物園とはなにか、日本にいくつあるか確認したいところですが、じつはこれが明確にお答えできないのです。

　日本の動物園と水族館が集まった日本動物園水族館協会 JAZA には、2021年7月現在、90の動物園が加盟しています。このうち、「動物園の三種の神器」と言われるゾウ、キリン、ライオンが揃っているのは40園くらいで、年々減っています。くわしくは第2章で説明しますが、ゾウのいない動物園が増えているのです。たとえば、「動物福祉を伝える動物園」をコンセプトにしている大牟田市動物園は、ゾウを今後、飼育展示しないことを宣言しています（図1.1）。

　一方、JAZA 加盟には審査があるので、加盟できない動物園もあります。非加盟の動物園を数えようとすると、どこまでを動物園と呼べるのかが問題です。市立公園の一角で何種類かの動物を飼育展示している場所は、JAZA 加盟園より多いでしょう。ほとんどが家畜という観光牧場で何種類かの野生動物も飼育展示している場合はどうでしょうか。ショッピングモールのなかに「○○動物園」という名前で、モルモットやハリネズミ、インコなどペットとして

図1.1　大牟田市動物園の正門前には「ぞうは群れ社会で生きています。当園には群れを飼える広さがありません」という看板がある。（写真提供：大牟田市動物園）

図1.2　世界をリードするブロンクス動物園（ニューヨーク）。同園を代表する大型展示施設「コンゴ」の目玉であるゴリラの展示。

流通している動物を集めたふれあい施設もあります。さらに、雑居ビルの一角で動物を飼育展示して入場料を取ると同時に、ペットとして販売している施設もあります。いったい、どこまでを動物園と呼ぶべきでしょうか。

Zoo という英語でも、似たような問題が出てきます。とくに米国には、公的な動物園と私営のロードサイド Zoo があり、公的な動物園が中心の動物園水族館協会（Association of Zoos and Aquariums：略称 ＡＺＡ）には厳しい認証基準があって、5 年ごとの審査に合格しないと加盟を継続できません。AZA に加盟できるのは米国農務省が認める動物展示施設の 10 分の 1 だけで、加盟すればロードサイド Zoo と区別されるのだと AZA 自身が宣言しています（図1.2）。この結果、財政力が足りない公的な動物園も AZA に加盟できなくなっています。AZA に加盟できない動物園によるアメリカ動物園協会（Zoological Association of America：略称 ZAA）という団体も認証制度があり、これにも加盟していないロードサイド Zoo が多くあります。そして、日本では考えにくいような劣悪な動物飼育施設（場合によっては非合法）もあるのが米国の実情で、だからこそ動物保護団体が活発という側面があります。良くも悪くも米国は「自由の国」なのです。

　このような問題は、Zoo という言葉ができたときからありました。この言葉は 1869 年のイギリス（以下、英国）の流行歌「動物園で歩こう（Walking in the Zoo）」で世界的に通用するようになりましたが、この歌に登場するのはロンドン動物園（1828 年開園）です。みなさんに知っておいてほしいのは、Zoo とは別に「メナジェリー（menagerie）」という言葉があることです。こちらのほうが古い言葉で、王侯貴族による動物の展示場や、サーカスなどの移動動物園などあらゆる野生動物展示施設を指しましたが、今では Zoo とは呼べないような施設という意味が含まれます。たとえば、ニューヨークのセントラル

パークでは 1865 年には動物を飼育展示していましたが、これは「子どもたちの娯楽のためのメナジェリー」で Zoo とは呼べないということで、1899 年にブロンクス動物園が開設されました。Zoo という言葉は「動物学の庭」という意味の zoological garden を省略して生まれたので、学問的に価値あるものという意味合いがあったのです。しかし、しだいに Zoo とは呼べないような施設も Zoo を名乗るようになります。それで国際動物園長連盟（現在の世界動物園水族館協会：略称 W̆ĂZA）が打ち出したのが「真の動物園（bona fide zoo）」という言葉で、「科学的基礎に立って運営され、動物に関する教育機関であり、けっして営利事業であってはならない」と主張しました。

　Zoo に対するメナジェリーは、日本語なら動物園に対する「見世物小屋」と言えるでしょう。日本初の動物園は上野動物園（1882 年開園）で、2 番目は京都市動物園（1903 年開園）とされます。当時、浅草の花屋敷もさまざまな動物を飼育していましたが、これは動物園の歴史上は数えません。動物園関係者に対して「おまえのところは、ただの見世物小屋だ」と言うのは最大級の侮辱で、そう言われて怒らないようでは動物園人とは言えないでしょう。「動物園人（英語なら zoo-man あるいは zoo professional）」というのは業界ではよく使われる言葉で、動物園関係者としてプライドを持って働いている人といった意味です。

　わかりやすく整理すると、本来、動物園（Zoo）という言葉は野生動物展示施設の総称ではなく、いわば「志の高い野生動物展示施設」というブランドで、志が低い施設は仲間と認めない面があります。しかし、ブランドですから、業界には仲間と認められないような施設も動物園を名乗りたがります。これに対して業界は、AZA 認証や JAZA 審査といった形で協会に加盟できる動物園とそうでない施設を区分し、きちんとした動物園（Zoo）とは言えない施設を「ロードサイド Zoo」「メナジェリー」「見世物小屋」などと呼ぶのです（図 1.3）。ただし、加盟していない施設は志が低いとも言いきれません。加盟しようと思えばいつでもできる施設が、志の高さゆえに対立することもあるからです。

　さて、2021 年 7 月現在、日本には JAZA 加盟の動物園 90 園と水族館 50 館の計 140 施設があります。米国主体の AZA が約 240 施設、欧州動物園水族館協会（略称 ĔĂZA）が約 40 カ国 340 施設ですから、人口や面積を考えると日

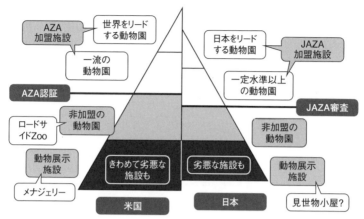

図1.3 米国と日本の「動物園（Zoo）」と動物園協会（AZA と JAZA）。米国の動物展示施設は上下ともに日本よりも圧倒的に幅が広いが、この図では圧縮して示した。

本はかなり多いように思えます。ただし、AZA や EAZA の認証基準は厳しいので加盟できない施設も多くあります。たとえばドイツにも、一流動物園によるドイツ動物園連盟（略称 VdZ）とは別にドイツ動物園協会（略称 DTG）があります。このように動物園には一流の施設から、ここはちょっと……と感じてしまう施設まであり、だからこそ志を高く持つプライドが重要なのです。なかでもスイスのチューリッヒ動物園は、つねに世界最高を目指して最先端の飼育展示施設を建設してきました（図1.4）。

しかしこれでは、この本で扱う動物園がなんなのかわかりません。そこでこの本では、日本人が普通にイメージする動物園ということで「だれもが（お金を払えば）、いつでも（開園日なら）利用できる、世界中の生きた（野生）動物を、開放的な空間で見られる施設」を基本的に扱います。つまり、「世界中の」と言えない施設や「開放的」

図1.4 チューリッヒ動物園のケーンクラチャン象公園（屋内ドーム）。屋外・屋内ともに複数の運動場が設けられている。

でない施設は、この本では原則として扱わないとご理解ください。

　ところで、先ほど JAZA と AZA、EAZA の加盟施設を比較した際、水族館を合計したことに違和感を覚えた人もいるかもしれません。じつは、協会が「動物園の部」「水族館の部」に分かれているのは JAZA だけなのです。背景にあるのは、そもそも欧米では動物園のなかに水族館があることが多いので明確には区分できないという事情です。この原因は日本の動物園と水族館が辿ってきた歴史にあるのですが、ここでは「本格的な水族館を持つ動物園がないのは日本の特徴」とだけ述べておきます。

1.2　だれが動物園に来ているのか

　俗に「日本人は一生に 3 回動物園に行く」と言われます。子どものときに家族連れや遠足で、親になって子を連れて、孫ができて 3 世代で、といった話です。遠足を別に数えたり、デートを入れて「4 回」とすることもありますが、多くの利用者が小さな子ども（おおむね 5 歳以下）を連れているのは事実です。ここでは、だれが動物園を利用しているのかを中心に、日本人にとっての動物園を見てみましょう。

　2003 年に静岡市が行なった市民意識調査では、子どもがいる人が動物園に来る理由（複数回答）は「子ども（孫）を連れて行きたい」が 64% で 1 位、逆に子どもがいるのに「この 3 年間、動物園に来ていない人」が来ない理由は「小さい子ども（孫）がいない」が 69% で圧倒的 1 位でした。つまり、動物園は小さな子どもや孫を連れて行く場所で、子どもが大きくなると足が遠のくのです。これは動物園によって多少の差があり、上野動物園や旭山動物園は、小さな子どもがいない人もたくさん来ます。一方、調査当時の日本平動物園のように、昔なが

図 1.5　日本平動物園のアジアゾウ。1969 年の開園当時の雰囲気が残る。

らの動物園は小さい子どもがいないと行きづらいと理解できます（図1.5）。

　実際、来園回数は50代で減って、60代で増えていました。50代は子どもが成長して孫がいない人が多く、孫ができる60代で来園回数が増えるのです。ところが同時に「動物園に行きたいか」と聞くと、とくに女性は40代より50代、さらに60代と来園意向が高くなっていました。つまり、きっかけさえあれば行ってみたいのです。そして実際に日本平動物園がリニューアルすると、子どもの入園者数はあまり変わらないのに、大人が増えました。新しくなったのなら一度行ってみようと、とくに女性が友人連れで来園したためです。これは、施設が新しくなったというニュースがきっかけで来園者が増えたと理解できます。ここで「とくに女性」と述べましたが、動物園の利用には男女差があります。1996年の東京都の調査は「男性は動物園への来園を家族への奉仕と考え、女性はレジャーとして自分自身が楽しんでいる」と分析しています。

　静岡市は動物園内のさまざまな施設の期待度と満足度も調査しました（図1.6）。これによると「動物の見やすさ」や「動物のいる場所」は期待度も満足度も平均以上でした。一方、期待度が高いのに満足度が低い施設には、「ベンチや休憩所」「屋根付きの場所」「トイレ」「食堂や売店」などのアメニティ施設が集中し、ここが当時の優先改善項目だったことがわかります（現在はリニ

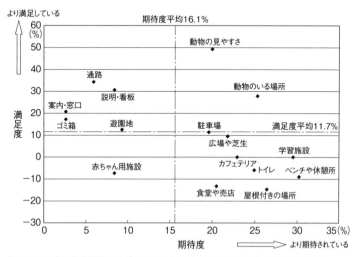

図1.6　日本平動物園内の施設に関する期待度と満足度の調査（CS/CE分析）。
（2003年静岡市調査／出典：動物園研究 no.16）

ューアルで大幅に改善しました）。なお、「赤ちゃん用施設」の期待度は平均以下ですが、2 歳以下の子どもがいる人に限ると期待度が跳ね上がります。必要な期間は短くても、その人たちには不可欠なのです。

　このアンケートをつくったのは私なのですが、じつは結果が不安でドキドキした設問もありました。それは「日本平動物園では経費の 3 割程度が利用者負担で、残り 7 割が税金からの支出ですが、どう思いますか？」という質問です。結果は「現状くらいが適当」が 53％、「もう少し利用者の負担が大きくても良い」が 24％、「利用者の負担が小さすぎる」と「利用者の負担が大きすぎる」が各 4％ でした。過去 3 年間の来園がない人に限っても「現状くらいが適当」が 48％、「もう少し利用者の負担が大きくても良い」が 29％ と大きく変わらず、動物園に来ていない人も税金投入を容認しているとわかってホッとしました。1996 年の東京都の調査にも「来園者が動物園・水族館へ求めているもっとも大きな役割は、"親が子に本物の動物を見せる場所" であり、（中略）子どもがある程度本物の動物を見終えてしまった段階で、お役御免となっている」「都民の多くは動物園・水族館を自分にとって頻繁に訪れる場所とは考えていないが、その存続価値については認めている」とあり、静岡市の調査はこれと一致したわけです。

1.3　4 つの目的論から保全へ

　それでは、動物園はなんのためにあるのでしょうか。

　じつはこれも簡単には答えが出ないので第 5 章でしっかり考えますが、JAZA のホームページには「4 つの役割」として、「種の保存」「教育・環境教育」「調査・研究」「レクリエーション」があげられています。この 4 つは「目的」「使命」とも、「機能」「職能」「〜の場」などとも言われます。日本でこの考え方が広がったのは、1975 年に中川志郎さんが書いた『動物園学ことはじめ』と、1982 年に JAZA が発行した『飼育ハンドブック　第 5 巻』の影響が大きいのですが、1930 年に慶應義塾大学教授だった小泉 丹が紹介しています。

　世界的に見ると、19 世紀には動物園の目的は「教育」「研究」「娯楽」の 3 つと言われていたようです。ここに 20 世紀に「種の保存」が加わったのですが、ここには「保全」や「自然保護」を並べることもあります。「種の保存」

図1.7 アメリカバイソン（学名 *Bison bison*）。日本平動物園にて（換毛期）。

と「保全」「自然保護」は明確な違いがあるとは言いにくいのですが、ニュアンスや使われ方はやや異なります。動物園で「種の保存」と言うと、絶滅の危機にある希少な動物を飼育繁殖して増やし、必要なら野生に返す取り組みが注目されます。このような方法は「（生息）域外保全」と呼ばれ、後で説明するヨーロッパバイソンやアラビアオリックスなどの事例があります。

　しかし、これは動物園業界の話で、本来「種の保存」には動物を生息地で守る「（生息）域内保全」を含みます。守る対象を動物だけでなく生物の多様性と考えれば、「種の保存」は「生物多様性の保全」と同じで、「自然保護」に重なります。「自然保護」と「生物多様性の保全」は使われてきた歴史の差こそあれ本質の部分は重なっており、動物園の業界では「保全」を使うのが世界標準になっています。ただし、「保全」という言葉には、保全のための教育（保全教育）や保全のための研究を含むので、4つの目的を並べるのは適切とは言えません。ですから、世界の動物園の考え方は4つの目的を並べるのではなく、教育や研究といった要素も含めて「保全」を掲げる方向に変化しています。

　最初に種の保存に取り組んだのはニューヨークのブロンクス動物園で、1899年の開園当初からアメリカバイソンを増やして野生に戻しています（図1.7）。この動物園を運営したニューヨーク動物学協会（New York Zoological Society／現在の野生生物保全協会：略称 WCS＝Wildlife Conservation Society）の設立に貢献したのが、後に大統領になるセオドア・ルーズベルトで、紳士のスポーツとしてのハンティング（狩猟）を続けるために自然保護に力を入れました。日本人にはわかりにくい話ですが、今でも米国の国立公園はハンティングを許可して収入を得ながら、野生動物が増えすぎないように管理しており、私も米国にいたときに自家製バイソンジャーキー（干し肉）をもらったことがありま

す。19世紀に3つだっ
た目的が4つになったの
も、20世紀初頭のアメ
リカ公園管理者協会の機
関紙「公園&レクリエー
ション（Parks & Recre-
ation)」での議論が転機
だったようです。そして、
1924年にアメリカ動物
園水族館協会（略称
AAZPA／現在のAZA）

図1.8 レッサーパンダ（学名 *Ailurus fulgens*）。日本平動物園にて。

がアメリカ公園管理者協会の支部としてスタートしました。

　さらに、1925年にヨーロッパバイソンが野生絶滅（飼育個体以外が絶滅）したため、1932年には血統登録を始めました。血統登録というのは動物の家系図づくりで、ヨーロッパバイソン以前に行なっていたのはサラブレッドなどのウマくらいでした。ただし、ウマとヨーロッパバイソンのような野生動物では使い方が正反対で、ウマの場合は優秀な個体を生み出すために選抜しますが、野生動物の場合、より多くの遺伝子を残すために均等に繁殖させようと苦心します。とくに気を使うのは近親交配の回避です。このような努力の結果、ヨーロッパバイソンは1952年から野生復帰し、現在はポーランドを中心に4000頭が生息しています。この他にも、シフゾウ、モウコノウマ、アラビアオリックスなどが野生絶滅し、動物園で繁殖した個体が野生復帰しました。

　今ではWAZAの国際血統登録を中心として約1000種1000万個体が登録されています。日本ではJAZAがとりまとめ役ですが、実際には全国の動物園が分担していて、私が勤めていた日本平動物園はレッサーパンダとオオアリクイの担当です（図1.8）。これは世界的にも同じで、レッサーパンダの担当はアムステルダム動物園（オランダ）、オオアリクイの担当はドルトムント動物園（ドイツ）といった分担をしています。このように、各動物園が飼育している動物の情報交換をして、近親交配しないように動物をやりとりするのが現在の動物園の常識です。この際に重要なのがブリーディングローン（BL）の仕組みで、繁殖のために無料で動物を貸し出すのですが、「子どもが産まれたら、

最初の子は貸し出した動物園の所有とする」といった約束をします。なお、産まれた子が貸し出した動物園に来るかどうかはケースバイケースで、さらに別の動物園に貸し出すことも多いので、その動物園で飼育展示している動物と所有権の関係は相当ややこしい状態になっています。そうやって動物園どうしで動物を貸し借りしながら、協力して繁殖を進めているのです。今でこそ常識になったBLですが、日本で定着したのは東京都の動物園による「ズーストック計画」、とくに上野動物園のゴリラの群れづくりの影響が大きかったと言えます。私も日本平動物園にいたときに「トト」というメスのゴリラを上野に送り出すにあたって、幼稚園の子どもたちを招いて「トトを送る会」を行なったことをよく覚えています。

このような取り組みを語るうえで欠かせないのが国際自然保護連合（略称IUCN）と、その下部機関である保全計画専門家グループ（CPSG）です。CPSGは1979年の発足当初、飼育下繁殖専門家グループ（CBSG）と名乗っていたこともあって、中心は動物園関係者で、WAZAとCPSGの年次大会は同じ場所で連続開催するのが通例です。そのIUCNが1975年に動物園に勧告したのが「野生動物の飼育展示を正当化するには、適切な施設と研究、解説などにより動物の大切さが理解されるよう努めなければならない」ということです。

図1.9　世界動物園水族館保全戦略（2015年版）。

正当化という考え方も馴染みがないかもしれませんが、欧米を中心に「正当化できないことは、してはいけない」と考える人は多くいます。そして、世界の動物園が保全を軸として自らのあり方を変えてきた背景には、貴重な野生動物を捕獲して飼育展示することが動物を絶滅に追いやっていないかという批判と自戒がありました。だからこそ、動物園は保全を掲げて自然保護に貢献しようとしているのです。

かくして、動物園の正当性を確保するためにWAZAが策定したのが

『世界動物園水族館保全戦略（略称 WZACS）』です（図 1.9）。ここで言う「保全」は守備範囲がとても広く、域外保全や、域内保全への技術的・資金的協力、保全教育（環境教育）、動物園という施設自体の環境負荷の軽減、なにより職員を含めた意識向上など総合的な「保全文化の創出」を提唱しています。そして、世界中の多様な関係者が連携した「ワンプランアプローチ」を掲げます。なお、獣医学の世界では、人間と動物、それに生態系（環境）の健康維持を一体的に考える「ワンヘルス」という言葉がよく使われるようになっています。世界はつながっており、私たち人間の影響力が大きくなりすぎた現在、環境を保全しなければ豊かな暮らしを続けることはできないのです。

1.4　動物園への批判と動物福祉の取り組み

　「正当化できないことは、してはいけない」という考え方を紹介しましたが、じつは動物園への批判は日本でも欧米でも古くからずっとあります。たとえば、上野動物園は明治時代にゾウの飼育方法を批判されましたが、これは第 4 章で紹介します。

　最近、日本で注目されるのはゾウの単独飼育問題で、とくに 2015 年には井の頭自然文化園の「はな子」を巡る世界的な騒動がありました。これは、コンクリートの床と壁という施設での単独飼育を見た日系カナダ人が衝撃を受け、「母国のタイに送り返そう」とネット上で運動したものです。何十万人もの賛同と資金が集まり、ゾウの専門家が来日して相談した結果、飼育環境をなおすことになりました。

　1996 年に大きな話題になったのは地球生物会議 ALIVE（設立者は野上ふさ子さん）が、英国の動物園査察官を招いて動物の飼育環境を調査したズーチェックです。このとき、前の上野動物園長だった増井光子さんは「日本の動物園もけっして百点満点とはいえない」「彼らの批判、指摘にも耳を傾けるべき」と新聞紙上で語っています。それ以前にもサファリパークの建設反対運動などがあり、ここで活動したエルザ自然保護の会（設立者は藤原英司さん）は京都水族館の設置反対運動に参加し、2014 年には水族館のイルカ導入を問題視した WAZA 本部（スイス）での抗議活動にも加わりました。なお、水族館のイルカ導入問題は JAZA の会員資格停止を含む大きな問題になったので、第 5

章であらためて扱います。

　欧米ではこのような批判はもっと激しく、イルカショーをしているドイツの動物園では、来園者の多い日曜日には活動家が正面ゲート前で「動物園に行くな」とデモを行なうそうです。先ほど述べたブロンクス動物園はホッキョクグマの飼育をやめ、ゾウも今いる個体を最後として撤退を表明しています。前述したように、動物園は志の高い野生動物展示施設で、ブロンクス動物園は世界を代表する先進動物園ですから、最低基準をクリアすれば良いという話にはなりません。志の高さに見合う水準でゾウやホッキョクグマを飼育できないなら、飼育から撤退するのが彼らの判断なのです。動物飼育への批判の共通点は、個々の動物への思いから出発していることで「動物園は動物の自由を奪う監獄」といった表現がよく用いられます。重要なのは、このような批判に向き合って自らを高める努力こそが、動物園を成長させてきたことです。

　スイスの動物園長だったハイニ・ヘディガー（Heini Hediger）は 1942 年に『飼育下の野生動物（Wild Animals in Captivity）』という本を出しましたが、その序文には「肯定的な賛辞や激励から素っ気ない否定的見解までいろいろある。もっとも、世界観の違いからくる過激な反対意見について、ここで触れる必要はないだろう。彼らにはどんな意見の表明も説得の努力もむだである」とあり、当時からさまざまな意見があったことがわかります。ヘディガーが重視したのが「檻からなわばりへ」という発想です。野生動物の研究がほとんどなかった当時、多くの人たちが野生動物は自由に大地を駆け巡っているイメージを持っていました。しかし研究が進むと、野生動物の多くが自分のなわばり（テリトリー）から外にはほとんど出ないことがわかりました。そこでヘディガーは、飼育スペースを自然界のなわばり同様に居心地の良い場所にすることが重要だと考えたのです。このような発想と努力によって、ヘディガーは動物園生物学（zoo biology）の父と呼ばれます。

　一方、1960 年代には畜産動物を中心に欧米で動物福祉（アニマルウェルフェア）の考え方が進展しました。ちょうどこのころ、映画化された『野生のエルザ（原題 Born Free)』も動物園に大きな影響を与えました。これは、アフリカで人工保育したライオンを野生に戻すために奮闘した話ですが、主演女優のヴァージニア・マッケンナは 1984 年に英国でズーチェック運動を始めました。同国では 1981 年に動物園免許法が制定され、劣悪な動物園を法的に閉鎖

する仕組みが始まっていたのです。

　英国に限らず、1980年代には欧米の動物園が大きく変わりましたが、その背後には動物の権利（アニマルライツ）運動の盛り上がりがありました。1985年に、動物の権利運動家が共同執筆した『動物を守るために（In Defence of Animals）』で動物園反対論を担当したのがデール・ジャミーソン（Dale Jamieson）です。彼は「動物を動物園に入れることを正当化するためには、そうすることによってのみ得られる重要な利益があることを証明しなければならない」という前提から4つの目的を1つずつ否定し、「動物園が廃止されれば人間も動物もより良く生きることができる」と主張しました。AZAが認証制度を義務化したのも1985年で、これによって加盟施設が絞り込まれました。

　一方、保全に向けて動物園を牽引していたブロンクス動物園長（当時）のウィリアム・コンウェイ（William Conway）は「動物園は積極的な保全組織にならねばならない」「主要な非政府保全組織になる可能性がある」と主張しました。この両者を含む論者たちがシンポジウムで話し合った結果をまとめたのが1995年の『箱船の倫理（Ethics on the Ark）』です。ここでジャミーソンは「野生動物管理者と動物個々の擁護者の間の葛藤は明らか」「正当な価値観はたがいに対立しうる」と、種を重視する保全の考え方と、個体の幸せを求める考え方は、どちらも正しいが対立してしまうと認めました。

　この両者を高いレベルで融合させるには、動物園が動物福祉にしっかり取り組むことが不可欠です。そこで1998年の『第2の自然（Second Nature）』では、環境エンリッチメントについてくわしくまとめられました。環境エンリッチメントとは、動物のより良い暮らしのために飼育環境を豊かにする諸々の工夫で、1991年には米国のデイビッド・シェファードソン（David Shepherdson）が雑誌 "The Shape of Enrichment" を創刊しています。日本でいち早くこれに対応したのは京都大学霊長類研究所教授だった松沢哲郎さんで、一般社会に広めたのは川端裕人さんの『動物園にできること』（1999年出版）でした。市民ZOOネットワークの「エンリッチメント大賞」は2002年に始まりましたが、表彰される取り組みのレベルが年々上がっており、日本でも着実に進展していることがわかります。

　このような議論を主導したのは米国ですが、2007年にはロンドン動物園が中心になって『21世紀の動物園（Zoos in the 21st Century）』を出版します。

14

図1.10　世界動物園水族館動物福祉戦略（2015年発行）。

ここでは動物の権利の考え方について「動物どうしで生じる痛みや苦しみに不明確」「動物福祉の倫理とうまく合わない」と否定的見解を示しています。しかし、動物の権利団体は「非常に活発で多くの資金を調達し、世論や政府の意思決定に影響がある」ので、「動物園と動物福祉団体は協力して対抗しなければならない。動物園は保全と動物福祉の団体への進化が必要」としています。このような議論を経て、2015年には世界動物園水族館保全戦略（WZACS）改訂と同時に『世界動物園水族館動物福祉戦略』を策定しました（図1.10）。

　日本では、動物の権利団体が世論や政府の意思決定に影響しているとは言いにくいですが、世界の流れを理解するには、このような欧米の動物園の苦闘を知っておく必要があります。そして、日本でも動物園に批判的な団体や個人がつねに活動しています。動物園に関わる以上、そのような批判の目があること

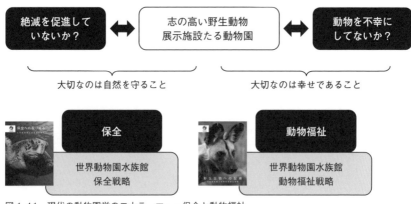

図1.11　現代の動物園学の二大テーマ——保全と動物福祉。

を意識しつつ、「自分たちはきちんとやっています」と胸を張って言えなければいけません。そのために世界の動物園が練り上げてきたのが保全と動物福祉の考え方なのです（図 1.11）。

1.5　職場としての動物園

　それでは、いよいよ動物園で働くことを考えましょう。

　ここでコミックを 1 冊ご紹介すると、『動物園でもふもふお世話中！』は井の頭自然文化園（東京都立）が監修しただけあって、中身がしっかりしています。このなかで主人公は、先輩飼育員から「動物園の生きものたちは、人間の都合でここにいてもらっている」「動物になにかあったときは、全部自分のせいだと思うこと。それが命を預かる私たちの責任」と言われるのですが、これはいかにも中川志郎さんたちの伝統を引き継ぐ東京都の動物園らしい言い方だと私は感じました。そもそも寿命のある動物を担当するのですから、「なにかあったときは、全部自分のせいだと思う」のでは、一歩まちがえると責任感で押しつぶされそうです。しかし、飼育という仕事には確実にそういう面があるのです。

　そのような重い仕事にもかかわらず、飼育員は給与や休暇などの待遇面で恵まれているとは言えません。『動物園から未来を変える』という本には「やりがい搾取で成り立っている」という表現があります。少し引用すると「その仕事のハードさは、ブラック企業並みという印象を受ける。好きで動物の仕事をしている人達だから悲壮感はないのだが、それでもこんなに打ち込んで自分の時間はあるのだろうかといぶかしむような人はひとりやふたりではない」と著者の川端裕人さんは心配します。しかし、「待遇のいかんにかかわらず、動物園の仕事は『動物のお世話をする作業員』の範疇をはるかに超えている。やる気のある人には、様々な方面で挑戦に値する仕事があり、それらに打ち込めば『やりがい』という報酬が得られる」のもこの仕事の特徴です。

　これは今に始まったことではなく、広島市の安佐動物公園が 1971 年の開園当初から続けてきたオオサンショウウオの野外調査と飼育繁殖の取り組みを、石田戢さんは「強力なボランティア精神が生み出した」と評しています。私も日本平動物園で働きながらつくづく思ったのですが、職員は動物園を維持する

ように配置されているので、維持だけでなく向上したいと思えば、まず必要なのは職員のボランティア精神なのです。ですから動物園という職場では、動物や動物園が好きな人ほど苦労します。そこには、動物の命を預かる責任の一方で、自分が使える時間とお金という限界もあるので、「もっとやらなくては」と思ってもできないという壁にあたるのです。この意味で動物園の仕事はつねに戦いで、動物や動物園に思い入れのない人の理解と助力を得るために苦労する場面が必ずあります。

　職員の非正規化が進んだことも大きな問題です。これは博物館を含む地方自治体全般の問題なのですが、雑誌「博物館研究」の非正規職員特集で動物園水族館を担当したので少し紹介します。まず大学などの卒業生は「非正規職員として飼育現場に入って実績を積みながら、正規のポストを求めて全国各地の動物園の採用試験を受けている。非正規には3年～5年という年限が付くケースも多く、正規のポストが得られなかった場合の救済措置もないので、先の見えない勝負を強いられ」ます。一方、民営動物園では「3年程度で正規になれる施設もあるが、その間に辞める職員も多い過酷な職場で、正規になっても給与面などで大きな差が無い」のが問題です。このため若手職員が定着せず、技術の蓄積や継承に支障をきたします。「厳しく言えば、動物園水族館という業界は、職場の実態を知らない若者を安い労働力として消費」しているのです。

　これを、大学生の就職活動スケジュールから見ると別の側面が見えます。動物園の採用時期は一般企業よりも明らかに遅いので、非正規で良いから動物園に入りたい学生は、いったん獲得した一般企業の内定を蹴ってから、人生を賭けた勝負に身を投じるのです。入学時点では動物園で働くことを夢見ていた学生の多くが、この現実を前に待遇の良い一般企業を選びます。柔軟な思考のできる優秀な学生ほど合理的な選択をしますから、動物園の人材確保を考えればとても不合理な状況です。それでも動物園がなんとかなっているのは、若い労働力が次々供給されていて短期的には回っているからで、これを支えるのはとにかく就職するしかない専門学校生です。専門学校で教えている知人も多いのですが、「就職人数は多いけど、先輩が抜けた穴を埋めているだけ」という嘆きも聞きました。この意味で大切なのは5年・10年と継続して働いている卒業生の人数です。「動物園はあらゆる意味で、社会的な人気に依存していて、その基盤に甘えている」というのが石田さんの指摘ですが、人材確保でもその

ような面があるのです。

　それでも動物園で働きたい人のために、いくつかアドバイスしておきます。

　最優先の資格は普通自動車免許で、マニュアル（MT）で取ったほうが無難です。いろいろな物を運ぶために動物園の車を運転するので、運転免許が受験資格になっている場合が多いのです。あとはどんな動物園を受験するかでまったく変わりますが、就職したい動物園で実習できれば理想的でしょう。少なくとも、飼育の仕事がどういう世界かを感覚的に知っておくことは重要です。たとえば、動物園はゴキブリやネズミ、蚊やハエの天国です。ゴキブリやネズミが死ぬような毒を使うと飼育動物（小鳥など）に影響が出かねないうえ、冬の夜でも暖かい場所を用意しているのですから。エサとして昆虫（コオロギやミルワーム）を使う動物も多く、担当動物が死んだときには死因を確かめる病理解剖に立ち会うので、これらが苦手な人にもおすすめできません。

　飼育は年 365 日の仕事で職員は交替で休みますから、おたがいの休みの日に仕事を任せられる信頼関係はきわめて重要です。しかもそのなかで、環境エンリッチメントなどに取り組むのですから、職員間のコミュニケーションは不可欠です。ある動物園長も、採用面接で重視するのはコミュニケーション力、すなわち「人間力」で、常識的に対応できるか、他の職場でもやっていけるかを見ると言っていました。この面接試験のために重要なのがエントリーシートで、いわば面接の台本になるのでしっかり自己分析して書かないと落ちると、実際に就活をくぐり抜けた人から聞きました。800 字程度の小論文も多いので、きちんと文章を書けることは重要です。私が感心した小論文のテーマは「あなたの余暇の過ごし方」で、これは人間性が出そうだと思いませんか。

　公立系の動物園では、かなりの学力が求められることもあります。とくに正規職員の採用に専門試験がある動物園は多く、面接に辿り着く前にペーパー試験の突破が求められます。必要な学力は動物園ごとに異なりますが、大きく分けると、伝統的な「畜産職」では畜産系が問われ、最近増えている「動物職」では次節で紹介する広範な学力が問われます。

　実際の飼育の仕事は、日々の単純作業と動物観察が基本です。野生動物は自身の異常を隠そうとしますから、小さな異変を見逃さない観察力が重要なのです。そのような日々の作業のなかに環境エンリッチメントがあるわけですが、その基本は試行錯誤で、ちょっと工夫したらしっかり観察して効果を見極めて

改良する繰り返しです。これは簡単なことではありません。そもそも動物園という職場には、事故がつきものです。一番起こしてはいけない事故は、人が死ぬことと動物を園外に逃がすことですが、このようなリスクがつねに現実のものとしてつきまとうのです。私自身が実習でお世話になった方も亡くなっていますし、一歩まちがえれば死亡事故になった事案も複数知っています。これはきれいごとですむ話ではなく、予想もしなかった事態への対応力が問われます。だからこそ、石田さんは環境エンリッチメントの問題点として「脱出の可能性や飼育係の危険性の増加」をあげているのです。たとえば、動物が隠れる場所を増やすことは飼育員が動物を見落とす可能性の増大に直結します。このようなバランスを見極めながら試行錯誤するのが、環境エンリッチメントという取り組みなのです。

　飼育員志望の学生から、自宅で動物を飼ったほうが良いかと聞かれることがあります。もちろん飼ったほうが良いのですが、イヌを自分できちんと飼いたいなら別の進路を考えたほうが良いでしょう。イヌはトレーニングなどの勉強にもなりますが、10年以上の寿命と毎日の世話を考えると気軽に飼い始めて良い動物ではないからです。私自身はハムスターを引き取ったことがありますが、人間とは異なる生活リズムを持つ存在と24時間付き合いながら、なにを感じているのか想像するしかない相手のために工夫を重ねるのは、楽しいと同時にむずかしさも感じられる経験でした。そのような経験が仕事に役立ったという話は卒業生からも聞いていますし、全国的に知られる飼育員が自宅でも動物を飼育して技術向上に努めているという話もあります。

　この他、動物を説明する展示物をつくったり、直接お客さんに解説する仕事もあれば、英語の文章を読んだり、外国の飼育員仲間と身振り手振りを交えてコミュニケーションする能力も求められます。これらの作業にはパソコンを一通り使えることも必須です。「やる気のある人には、さまざまな方面で挑戦に値する仕事があり」と川端さんが言ったように、動物園の仕事には果てがありません。工夫次第でいくらでも改善できるというのは、仕事にやりがいを見出すうえで、とても大切な要素でもあります。ですから、動物園に就職したい学生さんは、いろいろな動物園を訪問して視野を広げたり、実習を経験したり、勉強会に参加して人脈を広げたり、運転免許やパソコンなどの能力を高めたりと、やれることは山のようにあるのです。

最後に、動物の飼育には楽器の演奏に似た面があると話しておきましょう。これらの共通点は、文化を仕事にすることのむずかしさです。楽器を買って演奏することはだれにもできますが、へたな演奏は騒音になりかねません。まして、演奏で生計を立てるのは至難の業で、プロになれる人はごく一部です。同じように、なんらかの動物を飼うことはだれにでもできるかもしれませんが、きちんとした動物園の正規職員としてプライドを持って仕事をできる人は、ごく限られるのです。楽器の演奏で生計を立てられる人よりは、動物園の飼育員のほうがたぶん多いと思いますが、それでも相当の覚悟が必要な業界だとお伝えしておきます。

1.6 動物園学とその課題

動物園で働くことについて厳しめの話をしましたが、それでも自分は動物園に就職したいという人はどんな勉強をしたら良いのでしょうか。「動物園学科」があればわかりやすいですが、そのような学科は日本にはありません。そもそも、動物園で働いた経験のある大学教員がほとんどいないのが、困ったことに日本の現状です。私が所属しているのはアニマルサイエンス学科ですが、他にも日本の大学にはさまざまな名前の学科があります。ここでそれらの批評はしませんが、動物園職員には大きく3つの視点があると良いでしょう。

1つめは動物を飼育する技術や経験で、これを昔からやってきたのは獣医畜産分野です。実際、日本の動物園を牽引してきた人物の大半は獣医師です。ただし、この背景には飼育員に大卒者がおらず、獣医師しか管理職になれない時代が長かったという日本独自の事情があります。実際、日本の動物園を牽引してきた獣医師たちは、動物の治療で有名になったのではなく、動物園どうしのつながりを深めて技術を向上させたり、国際的な人間関係を深めて動物交換に必要な交渉や書類手続きを行なったり、本庁や地域社会にアピールして必要な予算を獲得したり、動物にも人間にも有意義で魅力的な展示施設を実現したりと、およそ大学で学んだ範囲に収まらない活躍をしてきました。日本の動物園を牽引してきたのは、獣医師の職域を超えて活躍したスーパー獣医師たちなのです。

2つめは科学的に動物を見る技術や経験です。動物園が飼育するのは家畜で

はなく野生動物ですから、血統登録で触れたように伝統的な獣医畜産とは逆の発想も必要です。それは、野生動物というわからないことだらけの存在をしっかり見つめて、できることを1つ1つ積み重ねるという気が遠くなるような作業です。学問分野で言えば、生態学、動物行動学、動物心理学などを含んだ動物学という広大な領域で、野生動物を観察するフィールドワークなどの手法があります。重要なのは、動物の飼育技術は先輩職員が教えられますが、フィールドワークの技術は飼育の現場では教えられないことです。しかし、保全の現場で行なわれているのはフィールドワークですから、そこでなにが役立つか理解できるだけでも、動物園が保全に貢献できる可能性が広がります。欧米の動物園では伝統的に動物学出身のキュレーター（curator）が多く、フィールドで活躍する動物学者との人的ネットワークも強固です。そのような関係性のうえで、彼らは保全のための動物園を構築してきたので、ここは日本の動物園が出遅れている分野とも言えます。

　しかし日本でも、動物園と研究者の連携が少しずつ進んでいます。このような連携も獣医畜産分野から進みましたが、近年は動物の状態を記録する装置の小型化などもあって可能性が広がっています。ただし、うまく連携するには動物園側と研究者側の双方にメリットがあることが不可欠なので、研究者の技術とやりたいことを理解したうえで、動物園にもメリットのある連携を実現する工夫が重要です。

　なお、「キュレーター」は辞書で引くと「博物館などの学芸員」などと出てきますが、実際には「部門管理者」と理解したほうが良いでしょう。米国の動物園には、飼育部門だけでなく教育部門や園芸部門にもキュレーターがいて、部門の人事と予算の執行を統括しています。教育部門にはキュレーターとエデュケーターがいますが、人事や予算の権限があるのがキュレーターで、ないのがエデュケーターというわけです。

　そして3つめは、社会における動物園を見つめて改善する視点や技術です。ここが私の専門ですが、実際の社会に出る前に技術や経験を培うのは困難なので、一番厄介な分野かもしれません。大学で動物を専門としながらそのような視点も養うためには、博物館学芸員課程で学ぶことをおすすめします。JAZAが動物園水族館を「いのちの博物館」と言っているように、動物園は広い意味で博物館の一種です。私は学芸員課程のコーディネートも担当していますが、

ここでは資料論、展示論、教育論、経営論など多角的に博物館を学んだうえで、博物館で実習して学芸員資格を得ます。

　ただし、座学で学べることには限界があります。たとえば、トレーニングでは理論を知っていると技術を向上させやすくなりますが、実際のトレーニングは個々の動物との関係で行ないますから、肌感覚のように言語では表現できないものが不可欠です。じつは、知識そのものが言語で表現して伝えられる「形式知（概念知）」と、表現できない「暗黙知（経験知）」に分けられて、言語で表現できない部分のほうが大きいのです。学問とは、暗黙知の部分を研究し、言語で表現することで形式知として体系化する作業ですが、動物を扱う現場では学問が表現しきれていない部分が不可欠です。

　肝に銘じてほしいのは、これらすべてを 1 人でカバーするのはとうてい不可能だということです。本来は、展示には展示の、教育には教育の専門家がほしいのです。今まで、日本の動物園にはそういった専門家がいなかったので、獣医師や飼育員ができる範囲でボランティア精神を発揮してきましたが、できることには限界があります。そして、さまざまな分野の専門家が参加するほど、彼らをコーディネートする能力が問われます。これは、ざっくり言えば「経営」の話ですが、その意味するところはきわめて奥深く、それを感じてもらうためにも博物館経営論を学んでほしいと思います。なお、「経営」と言うとお金を稼ぐことかと思う人もいるかもしれませんが、ピーター・ドラッカーやフィリップ・コトラーといった経営学のカリスマたちが「非営利組織の経営」という分野を切り拓いてきました。

　以上ご説明した視点を統合して、学問として整理したものが「動物園学」と言えるわけですが、ここで動物園学そのものについて整理しておきます。

　日本で「動物園学」という言葉を最初に使ったのは、中川志郎さんの『動物園学ことはじめ』でした。中川さんによれば、その目的は動物園におけるヒトと動物の調和の実現にあります。「動物園学（ズーサイエンス）は、総合的な科学」で、動物学、野生動物飼育学、野生動物展示学（心理学、教育学を含む）などで形成されるとも説明しています。中川さんは飼育動物が「野生の動物よりも不幸であってはならない」とも言っており、本来の習性や行動を再現できる動物舎や、動物の欲求に正しく応える飼育の重要性を説いています。なお、英語で Zoo Science という学問があるのかというと、少なくとも 2020 年

時点でそのような学会や学術雑誌はありません。この分野で有名な学術雑誌は「動物園生物学（Zoo Biology）」です。ただ、Zoo Science という言葉はずいぶん昔から使われており、1933 年にはサンディエゴ動物園と大学が連携して Zoo Science という授業を行なったそうです。

　中川さんの後しばらくは「動物園学」という言葉を積極的に使う人はいませんでしたが、2010 年代になって雰囲気が変わりました。なかでもしっかり説明しているのが村田浩一さんの『動物園学入門』で、中川さんの文章を引き継ぎながら、動物園学は「自然科学領域と社会科学および人文科学領域」からなると説明しています。

　なお、動物園は広い意味での博物館の一種なので、動物園学は博物館学の一種と言えます。ただし、生きている動物を飼育展示する動物園は、相当特殊な博物館です。動物園が扱う「資料」は、寿命がある代わりに繁殖する動物です。繁殖させて野生復帰という発想は、普通の博物館にはありません。動物園学は博物館学の一種と言えるとしても、独自に形成すべき部分がとても大きいのです。ただし、根底の部分は共通しています。それは、博物館学の究極の目的が「良い博物館、良い博物館活動の確立」にあることです。当然、動物園学の究極の目的も「良い動物園、良い動物園活動の確立」にあり、そのために必要な理論や技術のすべてが動物園学の扱うべきテーマと言えます。

　冒頭で述べたように、そもそも動物園とは、どこまでを動物園と呼べるのか悩まないといけない施設です。そして「動物園は必要なのか？　監獄ではないのか？」といった問いを突きつけられます。だからこそ、重要なのは「志の高い野生動物展示施設」であろうとするプライドでした。動物園学が扱うべきは、動物園人として胸を張って仕事をするために必要なことのすべてなのです。それは、まだ学会や学術雑誌という形で確立してはいませんが、世界的にも日本にも蓄積されてきた論理や技術の体系があり、日々進歩しています。この本を通じて、それらの一端に触れていただければと願います。

1.7 第1章のまとめ

1. 世の中にはさまざまな動物展示施設があるが、「動物園（Zoo）」はいわば「志の高い野生動物展示施設」というブランドで、志が高くなければ仲間と

認めないプライドがある。どこまでを仲間と認めるかは地域差があり、日本の基準は欧米よりもだいぶ緩い。米国では、劣悪な動物展示施設は「ロードサイド Zoo」や「メナジェリー」と呼ばれる。

2. 日本の動物園は「親が子どもを連れて行く場所」で、おおむね 5 歳以下の子どもがいないと行きづらいことがある。大人の女性は自分自身が楽しむが、男性は家族サービスととらえる傾向がある。動物園に行っていなくても、動物園存続のための税金投入を認める人は多い。

3. 「種の保存」「教育・環境教育」「調査・研究」「レクリエーション」という 4 つの目的論は 20 世紀初頭に米国で形成されたが、日本で広まったのは 1975 年以降だった。世界的には、種の保存より視野の広い「保全」を軸として動物園を改善する流れが強く、『世界動物園水族館保全戦略（WZACS）』が策定された。

4. 個々の動物に同情し、動物園を批判する声は欧米でも日本でも昔からあった。このような批判への対応が、環境エンリッチメントなど動物福祉の取り組みにつながっている。種を重視する「保全」と個体のための「動物福祉」は対立してしまうことがあるが、動物園は両者を高いレベルで融合させなければならない。このような考え方は『世界動物園水族館動物福祉戦略』にまとめられている。

5. 動物園という職場は、動物の命を預かる責任の一方で、時間やお金といった限界もあり、動物や動物園が好きな人ほど苦労する。しかし、やる気のある人には挑戦に値するやりがいのある仕事でもあり、職員のボランティア精神が動物園の成長を支えている。一方、非正規化の進展など、実態を知らない若者を安い労働力として消費している面があり、技術の継承などに支障をきたしている。就職したいのなら、普通自動車免許、コミュニケーション能力、実習経験、自己分析、作文能力などが重要。

6. 動物園で働くうえでは、動物飼育の技術や経験、動物を科学的に見る技術や経験、それに社会における動物園を見つめて改善する視点や技術が求められる。これらを学問的に体系化したものが「動物園学」と言えるが、専門の学会や学術雑誌があるわけではない。動物園は博物館の一種だが、動物園独自で形成すべき領域が大きい。

2 | 現代日本の動物園

2.1 動物の展示

　多くの人が動物園を訪れるのは、そこに動物の展示があるからです。「生きている動物を展示する」という言い方に違和感のある人もいるかもしれません。動物園についての報道では「公開」や「お披露目」と言うことが多いようです。それでも、「行動展示」といった表現はすっかり定着しましたし、動物園業界では国際的にも「展示（exhibition）」が使われます。これは博物館でも使う用語で、博物館法には「資料を収集し、保管（育成を含む）し、展示」とありますが、この「育成を含む」というのは動物園水族館や植物園のための表現で、生きた動植物も博物館用語では「資料」で「展示」するものなのです。動物園水族館は「いのちの博物館」なので博物館用語を使うことが多く、ときとして違和感のある表現も出てきます。

　この章のテーマは「現代日本の動物園」ですが、海外の事例がわかりやすい場合は積極的に紹介します。国内の動物園を紹介した本は多いので海外をいくつか紹介すると、ニューヨークのブロンクス動物園やスイスのチューリッヒ動物園は世界の最先端を行っているので、動物園のあり方を考えるうえでぜひ訪問したい施設です。とくにブロンクス動物園は、川端裕人さんと本田公夫さんが書いた『動物園から未来を変える』を読んでから行くのがおすすめです。ただし、これらは敷地が広大な動物園です。限られた面積の活用という面では、米国のフィラデルフィア動物園、オーストリアのシェーンブルン動物園、ドイツのフランクフルト動物園をおすすめします。日本に近い地域では、シンガポールが必見です（図2.1）。なお、欧米の動物園は3月くらいまで寒々しいので、せっかく行くなら緑豊かな夏期が良いです。

　さて、新しい展示施設を造るとき、動物園関係者はどんなことを考えるのでしょうか。行動展示で有名な旭山動物園の坂東元園長は、自分が動物だったら

どう動くのか、動物の身になって考えると言います。これは口で言うほど簡単ではなく、その動物の特性を相当に理解していないとできません。恥ずかしながら私は、あざらし館の工事中に「マリンウェイ」という円柱水槽の構想を聞いたのですが、それがどれほど魅力的になるか想像できませんでした。当時は日本平動物園にアザラシがいなかったこともあって、泳ぎの特徴や好奇心の強さを理解していなかったからです。結果はみなさんご存じのとおり、爆発的な人気を博しました（図2.2）。一方、この方法を

図2.1　シンガポール動物園のアジアゾウの展示。同園には、ナイトサファリやリバーサファリも併設されている。

図2.2　旭山動物園あざらし館のマリンウェイ。アザラシならではの泳ぎ方や好奇心の強さが生かされている。

他の動物で真似て失敗した事例もあります。動物の展示には、どこまで深くその動物を理解できているかが反映されるのです。

　この点、各地の動物園に関わってきた若生謙二さんは、設計にあたって生息地を実際に見ることにこだわっています。ときわ動物園（山口県宇部市）のテナガザルの展示リニューアルにあたっては東南アジアを訪問し、野生のテナガザルが森のなかで縦横無尽に動き回る姿を見て、多数の樹木を使って同じように動ける展示施設を造りました。若生さんは、日本の動物園展示の問題点として「システム化」を指摘します。システム化というと良いことに聞こえるかもしれませんが、効率的に同じ物を造るので似た施設ばかりになってしまいます。大切なのは動物をより深く理解し、より良いものを造りだす努力です。良い部

図2.3　かつては多かった氷山型のペンギン展示。この写真は2009年の飯田市動物園だが、現在はリニューアルされている。

分を真似するのは大いにけっこうですが、そのうえでオリジナルの部分を加える切磋琢磨がなければ動物園は成長できず、時代遅れになってしまうのです。

　システム化の一例として氷山型のペンギン展示があげられます。今では減りましたが、かつては氷山をイメージさせる白塗りコンクリートで擬岩（ぎがん）を造って、じつは氷山にはいない温帯のペンギン（フンボルトペンギンなど）を展示していたのです（図2.3）。実際に氷山にいるペンギンを飼育するには冷房室が必要なので、屋外で飼育できる温帯のペンギンで代用したわけです。その後、ペンギン会議を結成した動物園関係者などの努力が実を結び、実際の生息地を模した温帯らしい展示施設へのリニューアルが進みました。

　時代遅れが大きな問題になっている例としては、ホッキョクグマとゾウがあげられます。ホッキョクグマにはマニトバ基準と呼ばれる面積などの要求があり、これをクリアしないと欧米からの導入がむずかしいのですが、日本でこれを満たす施設が少ないのです。国内での繁殖も順調とは言いがたく、ホッキョクグマの飼育展示を続けられるのか予断を許しません。ゾウの場合は、本来の生態である母系の群れで飼育し、床を柔らかい砂にして足の負担を減らし（これは寿命に影響します）、第4章で紹介する準間接飼育（protected contact）と呼ばれる方法で飼育員の事故を防ぐなど、従来とはまったく違う飼育方法ができてきました。これは欧米の動物園の試行錯誤によって急速に変化してきたので、欧米にもやや古い施設と最新の施設があるのですが、日本で最新式を導入した事例はまだ少数で、今後のリニューアルが待たれます（図2.4）。

　ホッキョクグマとゾウの問題は見せ方というより飼育施設の話ですが、どの動物を何頭くらい飼育展示するかというコレクションプランはきわめて重要で、動物園の姿を大きく左右します。この点、昔は比較的手狭な敷地で、多すぎる

種類の動物を飼っていました。なかにはメスのゾウしか飼育できないといった繁殖を度外視した施設もありましたが、今はそれぞれの動物をしっかり繁殖させながら飼育展示することが必要です。当然、動物の種類を絞り込む方向になるので、ほんとうにホッキョクグマ

図2.4　札幌市円山動物園のゾウ舎（2019年オープン）。日本で初めて最新式のゾウの飼育展示を導入し、エンリッチメント大賞2020で大賞を受賞した。

やゾウの飼育展示を続けるべきか、続けるのならなんのためかと考えたうえで、展示施設を造ることになるのです。

　動物園の展示造りでは、明らかに人工だとわかる物をどれだけ積極的に使うかがよく議論になります。簡単に言えば、行動展示は動物の行動を引き出せるなら積極的に人工物を使う方向です。逆に、できるだけ人工的な印象を避け、自然な雰囲気にこだわる方向を「生態的展示」と呼んだりします。これは日本の動物園の業界用語であまり本質的な区分ではないのですが、重要なのは、明らかに人工だとわかる物にはメリットとデメリットがあることです。端的に言えば、安くて耐久性が高く、メンテナンスも容易な反面、やりすぎるとゴチャゴチャして、およそ自然っぽくは見えません。しかし、動物にとっては使えない自然物よりは、使える人工物のほうがよほど役立ちます。じつは、展示施設に植物を入れるときは、電気柵などで動物から植物を守ることが多いのです。動物と植物をいかに共存させるかは大きなテーマの1つです。

　英語では行動展示という言葉はほぼ使われていない一方、究極の生態的展示とも言うべき「ランドスケープ・イマージョン（landscape immersion）」という言葉がよく使われます。これは、動物のいる場所だけでなく、来園者のいる場所も自然っぽく造ることで、動物の生息地に行ったかのような雰囲気にする手法で、米国で生まれて世界各地で応用されています。この手法を採り入れた代表的な展示施設として、ブロンクス動物園の「コンゴ」や「マダガスカル！」があげられます。ただ美しいだけでなくメッセージ性が高いことも特徴

図2.5 ブロンクス動物園の「マダガスカル！」。左側の解説パネルや、右側のキツネザルのブロンズ像など、工夫されたサインが多く盛り込まれている。

で、なにを伝えるかという目標を設定し、その達成度を確認する来園者調査も行ないました（図2.5）。

展示にメッセージを込める際に大切なのが「サイン計画」です。ちょっとした矢印から、解説パネル、さわれる展示物「ハンズオン」など、あらゆる手段（サイン）を駆使してメッセージを組み立てます。ブロンクス動物園では、サインを園路などの空間と一体的にデザインすることで、多様な動物たちが暮らす自然環境（生物多様性）の大切さを伝え、人々の保全意識を高めて行動の変化を促しています。具体的な行動の1つに保全のための寄付があげられ、「コンゴ」や「マダガスカル！」の出口付近には寄付を促す仕掛けがあります。なお、ブロンクス動物園を運営する野生生物保全協会 WCS は生息地の保全活動も行なっているので、寄付を集めれば自ら保全活動を推進できます。

もちろん、ランドスケープ・イマージョンを使わなければメッセージを込められないわけではありませんし、特定のメッセージを伝えるのが展示施設の理想か否かも考え方が分かれます。自然な景観造りやストーリー仕立てには動物の背景や来園者側のスペースが重要なので、面積の狭い動物園では飼育スペースが犠牲になりがちですし、動物舎を来園者から隠すために飼育管理上の支障が生じることもあります。それよりは、1人1人がじっくり動物に向き合うなかで自分なりのなにかを得るほうが大切だという考え方もあります。私個人は「生きている証に出会う」ことが大切だと思っており、くわしくは第5章で説明します。

ここで、展示造りの前提にもなる考え方として、坂東元さんと本田公夫さんの言葉を紹介しておきます。「驚きが感動に変わり、尊敬に変わり、理解に変わった。『理解』というのは、『こいつらは自分とは違う生き方、感じ方をする生きものなんだ』と体でわかることである。異種だからこそ、わかりあえない。

わかりあえないからこそ、大切なやつらなんだと、と腹でわかることである」というのが坂東さんの言い方です。本田さんは自然体験の重要性を語るうえで「自然というのは思い通りにならないものだということも含めて、体感として納得する（中略）。これがないと人間生活と自然環境保護との折り合いをどうつけるかということもきちんとわからない」と言っています。このような「理解」を得られる展示をどのように実現するのか、あるいは展示には織り込めない要素があるなら、それをどう扱うのかといったことは、動物園の展示を考える鍵になるはずです。

　最後に、旭山動物園の行動展示が好評を博した理由を 2 つ補足しておきます。1 つはリスクを取っていることで、たとえばぺんぎん館の水中トンネルは、水温が大きく変化する屋外プールのなかだったので「前例がないので責任がとれない」と渋る業者を「一切の責任は園が取る」と必死に説得して実現しました。工事方法だけでなく、動物の行動範囲を広げることはさまざまなリスクと向き合うことです。そのようなリスクに向き合い、失敗の責任を取る覚悟があればこそ、旭山は魅力的な展示施設を造りだせたのです。もう 1 つは、人間と動物との立体交差を実現したことです。美術の世界では空間芸術を「インスタレーション」と呼びますが、動物園の展示施設は生きた動物がいるインスタレーションであり、同時にそこは動物たちの生活の場です。そこで次節では、動物園での動物の生活について見てみましょう。

2.2　飼育と動物福祉

　上野動物園の園長を務めた中川志郎さんは「そこに生活する動物たちは、野生の動物よりも不幸であってはならない」と動物園関係者の心構えを説きました。これは動物福祉の発想で、飼育動物の生活の質（QOL＝クオリティ・オブ・ライフ）を高める努力が求められます。それにしても、私たちは動物の幸・不幸をどれほど理解できるのでしょうか。私たち人間自身の幸・不幸すら、どこまで理解できているか怪しい気もします。動物福祉はそのような困難なテーマに挑む科学ですが、これをすべて実践すれば良いとも限りません。石田戢さんが環境エンリッチメントの問題点として「脱出の可能性や飼育係の危険性の増加」をあげていたのはその 1 つです。

　動物園が大前提として考えるべきは動物と人間双方の事故防止ですが、これがあたりまえのようでじつにむずかしいのです。動物は成長し、繁殖し、老いるといったさまざまなステージを経ます。そのすべてのステージで快適に過ごしてほしいのですが、ジャンプ力や泳ぐ力は変化しますから、登ったり泳いだりする場所の用意だけでも一筋縄ではいきません。成長した動物には快適なプールで、子どもが溺れてしまうこともあります。外敵の侵入を防ぐのも大切で、たとえば小鳥の網の目はヘビが入らない大きさにします。サルの飼育スペースにエサを狙って入ったネズミが病気を持ち込む危険もあります。人間と動物の間で感染する共通感染症（ズーノーシス）にも細心の注意が必要です。他園への移動や治療などで動物を飼育スペースから出す機会は必ずあるので、出し入れの方法も重要です。木材や砂などの出し入れも重要で、動物によっては砂を運ぶ車両の入口もほしいなど、考慮すべき要素は山のようにあります。

　それでも、第1章で紹介したように、飼育スペースを自然界のなわばり同様に居心地の良い場所にできれば、そこは動物にとって安心できる空間となります。多くの動物は、柵や堀といった障壁によって外側の相手が入って来ないことを理解します（図2.6）。そして、ほとんどの動物は未知の危険に出会うほうがいやなので、そこが安心できる空間だと理解すれば、わざわざ外に出ようとはしないのです。この点、人間はかなり風変わりな動物で、人間の感覚を動物にあてはめると多くの誤解を生じるので注意が必要です。

　飼育スペースは動物が安心できる空間であるべきですが、飼育員は作業のために入らなくてはなりません。猛獣はもちろん中型以上の動物では、小さなトラブルが飼育員の命に関わる大事故につながります。そういったこともあって、多くの動物は昼間の展示場（運動場、放飼場）と夜の寝部屋を分け、とくに猛獣や霊長類（サル）などは「シュ

図2.6　ベルリン動物公園のヘビクイワシ。イヌに見つめられても平然としているのは、そこが安心できる空間だから。なお、ドイツにはイヌを同伴できる動物園が多い。

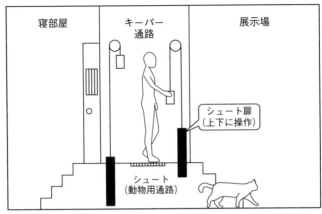

図2.7　シュートを使った飼育展示施設の模式図。

ート」という動物用通路を使って、飼育員と同じ場所を通らないようにします（図2.7）。飼育員は毎朝、動物を寝部屋から展示場に出してから寝部屋を掃除し、昼間のうちに用意したエサを、夕方、寝部屋にセットして動物を入れて展示場を掃除するのが基本パターンです。この際、動物の移動を見落とせば大事故に直結するので細心の注意が求められますし、その前提として見落としにくい構造が重要です。

　動物にとって飼育員以上に厄介な相手は、じつは同種の新規個体です。繁殖のために迎えた「お嫁さん」や「お婿さん」とは言え、オスとメスの同居はとても気を遣います。無事に同居し、めでたく繁殖したら、子育てできる環境を整えなくてはいけません。これもきわめて気を遣う場面で、ホッキョクグマやレッサーパンダのように母親が産室にこもる動物ではマイクや暗視カメラを使うこともあります。

　この他、ずっと同居していた動物が突然ケンカしたり、成長して投げる力が強くなったために今まで使っていたエンリッチメント用のおもちゃが来園者にあたったりと、いろいろなハプニングが起きます。ずっと平穏に暮らしていた動物が周辺の工事に驚いて脱走することもあるのですが、これは、その気になればいつでも脱走できたという話に他なりません。これらはすべて私の身のまわりで起きたことですが、飼育スペースから出る「脱柵」ですめば影響は限定的です。多くの動物園には園外への脱走を防ぐ外周フェンスがあり、これを超えると大問題になります。ですから、脱柵に備えた捕獲訓練を定期的に行ない、

図2.8　多摩動物公園のオランウータンのスカイウォーク。来園者のはるか頭上をオランウータンが渡っている。

手順や役割分担、道具などを確認します。第1章で述べたように、動物園というのは想定外のことが起きる現場なのです。動物園には必要不可欠な施設リニューアルも、動物にとっては安心していた空間から知らない空間への移動ですから、とくに記憶力の良い類人猿やゾウの高齢個体には細心の配慮が必要です。

このように前提の部分で考えることが山のようにあり、そこに飼育動物の福祉向上や、いかに野生動物らしさを残すかという課題が載ってきます。野生動物を飼育展示するのですから、動物園はその動物の特性を理解したうえで、来園者に伝わるようにすべきです。たとえばオランウータンは非常に握力が強く、人間なら恐怖で足がすくむ高さを平気で移動します（図2.8）。厄介なのは、動物自身が飼育環境に適応して野生動物らしさを失うことです。ここに通常の獣医畜産技術と動物園での飼育の違いがあります。動物園には、野生動物を家畜化しない努力も求められるのです。

とは言え、すぐに驚いてパニックになる動物は、少々なら驚かないように慣らす必要もあります。とくに病気やケガの治療では投薬や麻酔のための吹き矢などが、動物にとって恐怖の対象になります。このような問題を解消するのが「ハズバンダリー・トレーニング」で、動物たちが自発的に行動するように訓練します。直訳すると「飼育上の訓練」という意味なのですが、動物園ではオペラント条件づけという手法を使ったトレーニングを指すのが普通です。くわしいことが気になる人は『約束しよう、キリンのリンリン』という本を図書館などで探してください（図2.9）。私が驚いたのはベルリン動物園のボノボ（類人猿の一種）の映像で、飼育舎に採血用の筒をとりつけると、体の大きなオスが真っ先に腕を差し込んできたのです。注射が大嫌いな私には、とても真似できません。

ここであらためて環境エンリッチメントと動物のストレスについて説明します。第 1 章で述べたように環境エンリッチメントとは飼育環境を豊かにするさまざまな工夫で、目標の 1 つに常同行動（じょうどう）などの野生では見られない行動の削減があげられます。ここで考えてほしいのですが、ハムスターが回し車を回すのは削減すべき常同行動でしょうか。ハムスターなら、むしろ回し車を入れることが環境エンリッチメントと言えそうです。じつはストレスや常同行動の解釈は少しややこしいのです。ストレスには「緊張感」という意味合いもありますが、「ストレスのない生活」と言うと印象が良いのに、「緊張感のない生活」と言うと途端に印象が悪くなるから不思議です。

図 2.9 『約束しよう、キリンのリンリン』。ハズバンダリー・トレーニングによって採血や削蹄（さくてい）ができるまでの過程をくわしく描いている。

　簡単に説明すると、人間も含めて動物がストレスを感じるのは、ストレスを感じたほうが生き残りに有利だからと考えられます。たとえば、ストレスホルモンとして有名なアドレナリンは、集中力を高めて激しい運動を可能にし、学習力も上がります。だからこそ、敵に襲われたときにダッシュして逃げることができます。ストレスを感じる能力は進化によって獲得したもので、適応的な意味があるのです。しかし、これは疲労を無視した火事場の馬鹿力なので、持続すると心身に不調をきたします。これが「ディストレス」と呼ばれる過度のストレスです。一方で、適度なストレスは「ユーストレス」とも呼ばれます。もとは同じものなのに、限界を超えると悪い面が出るのです。この限界（ストレス耐性）そのものも変化し、心身ともに健康な動物はストレスにも強くなります。ですから、動物を腫れ物（は）のように慎重に扱うのが良いわけではなく、積極的に環境エンリッチメントやハズバンダリー・トレーニングを行なうほうが良い面があるのです。最初はいやがるような刺激に慣らしてあげるために、小さな刺激から少しずつ段階を上げる手法を「（系統的）脱感作（だつかんさ）」と言います。

図2.10 パズルフィーダーに取り組むオランウータン。ベルリン動物園にて。

一方の常同行動は、本来やりたかったこと（例：ひたすら長距離を歩く）ができない代わりの行動（代償行動）で、そのほうが心地よいために定着してしまった状態です。動物自身は快適なのでハムスターの回し車は悪くないのですが、ペット化（家畜化）したハムスターならともかく、野生動物に回し車を入れるのは不自然です。動物園には、動物の心身に負担のない状態を、人間が見て不自然でない形で実現することが求められます。とくにホッキョクグマは普通のクマなら冬眠するところ、なにも食べずに歩き続ける「歩く冬眠」をするので、これはきわめて厄介な課題です。なお、人間での常同行動（常同症）は知的障害や痴呆症、薬物の副作用などによる異常行動を指すので、意味が違うとご理解ください。

そこであらためて環境エンリッチメントですが、典型的な方法として知られるのがパズルフィーダーというエサを取りにくくする装置です（図2.10）。エサを取りにくいのはストレスですが、夢中になってがんばるとエサが出てきます。このように夢中でがんばる「フロー状態」をつくりだすことが、環境エンリッチメントの手法の1つです。行動の選択肢を増やすのも重要なので、夜間も自由に展示場と出入りさせるなどさまざまな手法があります。いろいろなやり方があって動物の個体によっても効果が異なるので、大切なのは行動観察と試行錯誤で、その順序を整理したSPIDER モデルという方法がよく使われます。環境エンリッチメントについて知りたい人は、市民 ZOO ネットワークやSHAPE-Japan のホームページなどをご覧ください。

動物福祉では「5つの自由」や「5つの領域」などの考え方が提唱されており、ストレスと並んで重視されるのが痛みです。痛みを感じるのも進化の結果ですから、肉体的なダメージを早期発見して重症化を防ぐといった価値があります。逆に痛みを感じられない「無痛症」は人間では難病にも指定されます。

厄介なのは、痛みを表現して助けを求めるのが人間やイヌなどに限られることです。多くの野生動物では、痛いからと助けを求めても意味がないどころか、弱みを見せると攻撃を受けやすくなるので隠して当然なのですが、ここで２つの問題が出ます。１つは動物の痛みを発見するのが困難なことで、普段とのちょっとした違いを見抜く観察眼が求められます。２つめは痛みに対する忌避感の違いです。ハズバンダリー・トレーニングの事例でボノボの採血を紹介しました。少しばかりおいしい物がもらえるからといって、採血されるのを承知ですすんで腕を出すボノボの気持ちは私には理解できないのですが、ボノボから見ればそんな私の気持ちのほうが理解できないでしょう。このボノボと私とでは、採血の痛みとおいしい物の優先順位が違うのです。

　これは難解な話ですが、私たち現代人の痛みに対する忌避感の強さは多くの動物、それに麻酔が普及する前の人類にも理解できない可能性があります。そもそも、人や動物が痛みをいやがるからといって、痛みをゼロにすべきだと主張することには誤りが含まれます（「自然主義的誤謬」と呼ばれます）。ここでは、まず動物福祉の目的はあくまで生活の質（QOL）を高めることであり、ストレスや痛みをゼロにすることではないと確認しておきましょう。なお、「５つの領域」の考え方についてくわしくは、『世界動物園水族館動物福祉戦略』をご覧ください。

　飼育にあたって考えるべきことをいろいろと紹介しましたが、ここで１つ角度を変えてお話しすると、かりにあなたが飼育員だとして、動物のためにどんなに努力しても、動物はあなたに給料を払ってくれません。あたりまえと思われるでしょうが、これはきわめて本質的な話なのです。くわしくは第５章で扱いますが、お金という形が重要なのではなく、意識的に対価を提供することが合意形成の問題だからです。これは、人間とそれ以外の動物の関係を考える際の基盤となる問題なのです。

　最後に、QOLを考えるうえで避けて通れない安楽殺の問題に触れておきましょう。欧米の動物園では、老齢などで回復の見込みのない動物は速やかに安楽殺するのが「人道的」として積極的に処置されます。『幸せへのキセキ（原題 We Bought a Zoo）』というハリウッド映画には、高齢のトラの安楽殺をためらい、お金は出すから治療を続けようと主張する園長に対して、飼育責任者が「とても見ていられない」「感情に流されるなんて失望した！」と激しく怒

る場面があります。けっきょくこのトラは安楽殺されるのですが、ここに見られるのは彼らなりの感情の衝突であり、動物が苦しむ姿を見ることに耐えられないという感情が（動物福祉の理論上も）優先されるのです。一方、日本では寝たきりになった老齢動物なども最期までケアして看取るほうが美徳とされる傾向があります。一時期は立てなくなった野毛山動物園のラクダの「ツガルさん」や、義足に挑戦した大森山動物園のキリン「たいよう」、難産により障害のある釧路市動物園のアムールトラ「タイガ」と「ココア」のような事例は、欧米では考えにくいのです。QOL と安楽殺の問題はペットのイヌやネコにもつきまといますが、究極的にはどちらが正しくどちらがまちがっているとは言えず、それぞれの人間と動物の関係性に照らして個別具体的に考えるべきでしょう。私がそう考える理由は第 5 章に持ち越すとして、ここでは「野生動物は、生を淡々と受けいれ、死も淡々と受けいれ、死んでいく」という坂東さんの言葉を紹介しておきます。

2.3 収集と保全、調査研究

　現在では飼育展示している動物はほとんど動物園生まれですが、50 年ほど前までは捕獲された野生動物を購入するほうが普通でした。第 1 章で述べたように、この変化の背景には貴重な野生動物を捕獲することへの批判と自戒があり、WAZA や CPSG といった団体が関わっています。日本では JAZA の生物多様性委員会が動物ごとの種別計画や血統登録を統括しています。第 1 章で紹介したように「種の保存」とも言いますが、じつは重要なのは「種」ではありません。そもそも動物の「種」という単位は人間が決めた便宜上の区分なので、どういう基準で区分するのが適切かはいろいろな考え方があります。なお、私たちが「種」という単位をしっかりした基準だと思いがちなのは、ホモ・サピエンス（*Homo sapiens*）以外のヒト属が生き残っていないという事情がありそうです。しかし、じつは白人と黄色人種にはネアンデルタール人（*Homo neanderthalensis*）の遺伝子が混じっているのに対し、黒人には混じっていないという話があり、ネアンデルタール人をホモ・サピエンスの別種と見なすか亜種と見なすかという議論もあるほど、簡単には決められないのです。

　それでは、動物園はなにを重視して取り組めば良いのでしょうか。生物多様

性の保全には、大きなほうから生態系の多様性、種の多様性、遺伝的多様性の3つのレベルがありますが、動物園で重要なのは遺伝的多様性の保持で、野生由来の「ファウンダー（創始個体）」が持っていた遺伝子をできる限り引き継ぐ努力が求められます。動物園の動物の多くは両親から遺伝子を受け継ぎますが、これは親が1頭の子に引き継げる遺伝子は半分だけということです。ですから、多くの子を残してもらうことがまず重要で、1つの動物園で飼育できる動物の数には限界があるので、動物園どうしの協力が不可欠です。ただ、地域間の動物移動は手続きがたいへんで動物の負担も大きいので、米国では AZA の SSP（Species Survival Plan：種の保存計画）、欧州では EAZA の EEP（EAZA Ex situ Programmes：EAZA 域外保全プログラム）といった地域単位の取り組みが基本になります。さらに、世界規模での取り組みが必要な動物のために WAZA が行なっているのが GSMP（Global Species Management Program：国際種管理計画）です。

　なお、AZA が SSP を開始する前の 1974 年から国際種情報機構（略称 ISIS／現在は Species 360）が活動しており、動物の血統はもちろん治療情報なども含む巨大データベースをつくっています。以前は英語でしか使えず、日本の加盟動物園も少数でしたが、インターネットが普及して動物学的情報管理システム（略称 ZIMS）が登場し、日本語でも使えるようになりました。種の保存のためには、まず地域単位の動物たち（飼育個体群）の情報を集めて、遺伝的多様性を保持する種別計画をつくります。これを個体群管理と言いますが、種によっては百頭・千頭単位になるので、オス・メスの組み合わせの検討などはデータベースや分析ソフトを使わなければ、とてもできません。

　とは言え、前節で見たようにオス・メスを同居させて繁殖させるのも簡単ではありません。そこで進められているのが繁殖のための調査研究で、たとえばフンや尿からホルモンを測定して繁殖サイクルを見極めます。外見での性別判定がむずかしい鳥類などは遺伝子の分析も行ないます。このような研究は大学などの研究者との連携によって進められ、今では東京都の野生生物保全センター（多摩動物公園内）や横浜市の繁殖センター（よこはま動物園ズーラシア併設）のように分析装置を使える組織もできました。精子や卵を凍結して保存する冷凍動物園の取り組みもあります。

　さらに、近年さかんになってきたのが動物福祉のための調査研究で、行動観

図2.11 左前足（足首）にデータロガーをつけた天王寺動物園のフタコブラクダ「ジャック」。高齢で立てなくなると衰弱するので活動量を増やす取り組みを行ない、エンリッチメント大賞2020奨励賞を受賞した。（写真提供：天王寺動物園）

察などによって動物の状態を見極め、環境エンリッチメントの効果を確認するといった取り組みが行なわれています。展示場や寝部屋にカメラをつけて行動分析したり、データロガーという記録器を動物につけるバイオロギングという手法も使われます（図2.11）。

このように日本の動物園での調査研究は、まずは飼育に直結する分野で始まり、大学などの研究者との連携も進みました。ただし、動物園と研究機関との連携もなかなか一筋縄ではいきません。本質的なむずかしさとしては、研究者はつねに新しい挑戦を求められるのに対し、動物園では恒常的な飼育繁殖が求められる点があげられます。つまり、初期の技術開発段階では双方のメリットは一致するのですが、そこから先は動物園側が引き受けないと維持がむずかしいのです。しかし、日本では動物園側の組織や施設を拡大するのも容易ではありません。動物園の4つの目的には「調査・研究」がありましたが、実態はお寒いと言わざるをえないのが日本の現状です。

ここには日本の特殊事情もあります。欧米の動物園の多くは Zoological Society という組織からスタートしています。これは通常「動物学協会」と訳しますが、「動物学会」とも訳すことができ、研究者がいて当然の組織なのです。第1章でも触れたように欧米の動物園のキュレーター（curator）や園長（director）には動物学で博士や修士などの学位を取得した人が多く、彼ら自身が研究者のネットワークに参加しています。キュレーターは日本の動物園なら飼育課長に相当しますが、欧米の動物園では公募が多く、この際に学位が求められます。欧米の動物園は、伝統的に動物学者に職場を提供してきたのです。

この点、自治体が運営する日本の動物園はどうしても後手に回ります。第1章でも触れたように石田さんは広島市安佐動物公園のオオサンショウウオの調

査研究を「スタッフの強力なボランティア精神が生み出した例外的な存在」と
評しましたが、そもそも研究者は公務員のように勤務時間で働いてはいません。
私は公務員から大学教員に転職しましたが、市役所の本庁勤務時代は仕事と別
に動物園ボランティアや動物園研究をやる形で公私の区別がありましたが、大
学教員となった今は仕事や研究に関わらない日がほとんど消えました。私の時
間の使い方が変わったのではなく、とらえる枠組みが変わったからです。研究
とはそういうもので、公務員的な仕事のやり方とはそもそも相性が良くないの
です。これは「内発的モチベーション」の話なので、第 5 章であらためて説明
します。

　このような違いは、野生動物の特性や生息地の状況の理解、そして保全への
参画において大きな足枷になっています。休日に自費でアフリカなどに行って
野生動物の見学ツアーに参加する動物園職員は少なくありませんが、生息地で
フィールド調査をしたり、学会で研究者と交流できる動物園職員は少ないので
す。ですから、研究者がフィールドでなにをしていて、動物園はなにを支援で
きるのか感覚的に理解するのはハードルが高くなります。

　一方、飼育関連や動物学以外にも、教育やマーケティング、展示のあり方な
ど動物園が調査研究すべきものはじつに多いので、すべてを動物園がやるのは
とても無理です。そこで石田さんが提案しているのは職員を「連携のためのカ
ウンターパート」と位置づけ、外部の専門家とのつなぎ役に育てることです。
もちろん、つなぎ役をやるためには、相手の言っている意味をある程度は理解
しないといけませんから、それなりのバックグラウンドと理解力、なによりも
コミュニケーション能力が求められます。

　その意味でも、やはり動物園はなんらかの形で生息地と関わることが重要で
す。実際問題として、現在でも野生由来の動物はいます。たとえば、モグラは
昔に比べてずっと長期飼育できるようになりましたが、まだまだ動物園で世代
を重ねる累代飼育はできません。一方で、シカやイノシシのように有害駆除し
ている動物をはじめ、持続的に収集できる動物もいます。動物園ではこのよう
な動物は多くありませんが、水族館では、むしろそのような動物のほうが多い
ことにも留意すべきでしょう。海外でも生息地で保護される動物は後を絶たず、
対応に困っていることもめずらしくありません。野生復帰できない個体を飼育
し続ける場合、現地の不十分な施設で飼育し続けるよりも、国外の施設に移送

して保全に必要な資金を集めたほうが良いといったケースは十分にありえます。重要なのは、動物園が生息地に目を向け、それぞれの動物の状況を把握し、どの動物なら収集しても大丈夫か判断できることです。もちろん、捕獲や輸送においては動物福祉の面でも細心の注意が必要です。

　野生由来の動物を購入する場合には、取引相手を選び、利益が生息地に還元されているか配慮することも必要です。生物多様性によって得た利益をどう分配すべきかは、国際会議で先進国と途上国の議論にもなりますが、生息地の人々が生物多様性の対価を得られなければ保全に協力してもらうことはむずかしく、生息地破壊は止まりません。とある本には、動物を捕獲するキャッチャーは現地の人だが、動物を買い取って国外で売るシッパーはほとんどが欧米人で、絶対にキャッチャーには国外での販売額を教えないとあります。教えたら殺されかねないので現地では利益が少ないように振る舞って「毎日が嘘、嘘、嘘の連続で生きている」というのですが、これは生物多様性に由来する利益の分配という点で明らかに是正が必要です。少なくとも、動物園たるものはこのような悪徳シッパーに利益を与えない仕組みを確立しなくてはいけません。

　動物園が単独で生息地に深く関与するのはむずかしいかもしれませんが、日本国内では環境省とJAZAが連携してライチョウやツシマヤマネコの域外保全を進めています。とくにライチョウなどの鳥は、卵を巣から収集すると親鳥が次の卵を産むので、生息地にほとんど負荷をかけずに域外保全を進められます。このように国内の関係機関と連携を深めながら、手の届くところから少しずつ生息地に関わることが大切でしょう。

　ここで日本の動物園の成功事例を紹介すると、横浜市の繁殖センターはインドネシア政府や現地の動物園と連携し、国際協力機構JICAの支援も受けてカンムリシロムクの野生復帰事業に大きく貢献しました（図2.12）。

図2.12　カンムリシロムク（学名 *Leucopsar rothschildi*）。インドネシアのバリ島にだけ生息し、現地語では「ジャラック・バリ」とも呼ばれる。

カンムリシロムクは個人飼育のために乱獲され、IUCN のレッドリストでもっとも絶滅に近い近絶滅種（CR）に指定されています。横浜市繁殖センターはこの鳥を 100 羽単位で飼育繁殖することに成功し、インドネシアにおける野生復帰個体の確保に貢献するのみならず、飼育個体群の管理方法などの技術支援も行ないました。さらに、来日した研修生に日本のトキの事例を紹介するなど生息地に暮らす人々との協力の大切さも学んでもらいました。そして、現地の国立公園職員と住民が連携した結果、密猟もほぼなくなって、大きな進展が見られたのです。

　この他、日本ではめずらしく海外の生息地に動物園関係者が積極的に関わっている団体として、ボルネオ保全トラスト・ジャパン（略称 BCTJ）があげられます。オランウータンの飼育担当者が現地に行って、野生のオランウータンが川を渡るための吊り橋を使い古した消防ホースでつくったり、保護されたボルネオゾウのためのレスキューセンターを建設しており、この本で何度も登場している石田さんや坂東さんが関わっています。

　一方で飼育繁殖がうまく進むと、今度は飼育スペースの限界が問題になります。そこで、JAZA は優先的に飼育すべき動物種を選んで JAZA コレクションプラン（略称 JCP）にまとめました。JCP ができたのは最近ですが、同様の動きは東京都の動物園がズーストック計画を始めた 1989 年からありました。それ以前は、上野動物園にも多摩動物公園にもゴリラ、オランウータン、チンパンジーがいましたが、ゴリラは上野に、他の 2 種は多摩に集約しました（図

2.13）。そして、上野はゴリラの運動場を 2 つ造って群れづくりを始め、多摩には国内随一の充実したオランウータン舎を造ったのです。他の動物も同様で、トラは上野がスマトラトラ、多摩がアムールトラと分担しました。この 2 つはトラの亜種のなかでも野生の生息

図 2.13　上野動物園のゴリラ。隣のスマトラトラなどと合わせた「ゴリラ・トラの住む森」は、東京都のズーストック計画の目玉施設。（さとうあきら撮影）

数が少ないからです。全国の動物園もこれに呼応して、生息数の多いベンガルトラからの切り替えが進みました。第1章で述べたように、このような流れのなかでブリーディングローン（BL）が普及したのです。

　それでも残る頭の痛い問題が「余剰個体」です。この問題は、オスとメスが同数生まれるのに、野生では繁殖に参加できないオスが多い動物には必然的につきまといます。簡単に言えば、オス1頭・メス2頭ならごく自然の状態なのに、オス2頭・メス1頭だとオスどうしが大ゲンカして飼えないのです。これはゾウやゴリラ、キリンやシマウマといった群れで暮らす草食動物でも普通に起きます。余剰個体の問題に対して、安楽殺という手段が検討されることもあります。理屈だけで語れば、すでに十分な個体数がいる場合、弟が生まれた段階で兄が余剰になるので安楽殺するのが“合理的”となります（世代間隔は長いほうが遺伝的多様性を保持しやすいからです）。しかし、2014年にコペンハーゲン動物園（デンマーク）が行なったキリンの安楽殺は、国際的な問題になりました。デンマークは畜産大国で国内世論は同園に理解を示したようですが、国際的にはとくに米国での反発が強く、同園の責任者に悪質ないやがらせ（殺害予告）が送りつけられるなどの騒動になりました。なお、欧州にはゾウやゴリラのオス群れを引き受ける動物園があります。メスがいない状態でオスだけ飼育すれば、少なくともゴリラはうまくいくことが知られています。オス群れがうまくいかない動物は、スペースを区切って飼育するしかありません。余剰個体問題が行き着く先は、スペースとコストの問題なのです。

　このように動物園生まれの動物があたりまえになった今、新たな問題も出ています。とくに飼育スペースの問題は施設のリニューアルに直結します。古い施設を使い続けることは、動物福祉上も保全（種の保存）のうえでも問題が多いのです。

2.4 レクリエーションと教育、パブリック・リレーションズ

　第1章で紹介した4つの目的には「種の保存」「教育・環境教育」「調査・研究」「レクリエーション」が並んでいました。このうちの「種の保存」と「調査・研究」を前節で扱ったので、この節では「教育・環境教育」と「レクリエーション」を扱います。

　結論から言ってしまうと、教育とレクリエーションという区分はあまり本質的ではありません。これを区分するのは歴史的な背景が大きく、教育は博物館の公益性、レクリエーションは公園の公益性なので縦割行政の話にもなります。日本で影響が大きかったのは 1948 年の入場税問題です。これは 1989 年の消費税導入で廃止され、今ではどの動物園の入園料にも消費税がかかっていますが、それまでは娯楽施設には入場税がかかり、教育施設にはかからなかったのです。この際に登場したのが博物館法（1951 年公布）で、動物園は博物館の一種と扱われることで入場税を免れました。しかし、有料の施設を教育施設と娯楽施設の 2 つに分けるのはそもそも強引な話で、それ以前には動物園は厚生施設だといった意見もありました。

　レクリエーションと娯楽は少し意味合いが違いますが、4 つの目的論自体にエンターテイメントや楽しみ（enjoyment）といった言葉が使われることもあります。もともとは「余暇」を意味する「レジャー」も動物園関連でよく見かけます。一方、博物館業界で「アミュージアム（アミューズメント＋ミュージアム）」や「エデュテイメント（エデュケーション＋エンターテイメント）」といった造語が使われるように、そもそもこれらは連続的で重なっています。ですから、博物館や動物園ではイベントやガイド、情報発信や報道対応、学校対応やボランティア育成などをまとめて「教育普及」と言うことが多いのです。

　この全体像は、パブリック・リレーションズ（PR）も合わせたほうが理解しやすいでしょう。PR とは人々（パブリック）との関係（リレーションズ）構築なので、一方的な宣伝ではなく、人々の意識を汲み取ることを含み、役所では広報広聴とも言います。

　本質的に重要なのは、動物園はだれのためになにをしてきたかという公益性です。公益性というと役所の仕事だろうと思う人もいるでしょうけど、病院や私立学校など公益のための組織は役所以外にも普通にありますし、ソーシャル・ビジネスといって社会的利益のために株式会社を設立する事業家もいます。

　第 1 章で、動物園は「親が子どもを連れて行く場所」で 5 歳以下の子ども連れが多いことや、動物園に行かない人も税金投入を認めることを述べました。くわしくは第 5 章で扱いますが簡単に説明しておくと、動物園ができたときに市民が求めたのは「子どものため」の「家族連れのレクリエーション」で、自治体側は「情操教育」なども並べました。これは 1970 年ごろまでの話なので、

今とは言葉の使い方が違います。それを読み解くと「子どものため」には「次世代のため」と「親（とくに母親）のため」という意味が、「家族連れのレクリエーション」には「子育て支援」という意味が込められていました。つまり、レクリエーションとは自分（親自身）と家族のための動物園利用の総称で、たくさんの意味が込められています。ですから、これを娯楽と呼ぶか、レジャーと呼ぶかはそれほど本質的ではないのですが、誤解を招きにくいという意味でレクリエーションが良いと思います。

　これに対して教育は、動物園や自治体（設置者）側が人々をどのように導きたいか意識して、そのための体験を提供するという意味合いで使われます。コンウェイは「動物たちを野生から獲ってきて展示することを正当化するためには、利用者にとって教育的な価値がなければいけない」と言っています。これは第1章で紹介した1975年のIUCNの勧告と同じで「正当化できないことは、してはいけない」という考え方です。一方、石田戢さんは「動物園の教育は、環境教育でなければいけない」とか「生命（いのち）の大切さを教えるのが動物園だ」といった意見があり、「教育が氾濫してしまって、現場はいささか混乱気味」だと言っています。

　言葉を整理しておくと、動物園での教育目標は大きく3つに分けることができます。1つが理科教育（科学教育・自然教育）で、動物や生態系についての客観的な理解を養うものです。2つめが情操教育（命の教育・生命尊重教育）で、動物愛護の心を養い、生命を尊重する人格を育成するもので、青少年の犯罪防止を念頭に置くこともあります。米国では人道教育（humane education）とも言いますが、動物園業界では日本で強調される傾向があり、その一因に1997年の神戸連続児童殺傷事件（酒鬼薔薇（さかきばら）事件）があります。3つめが環境教育（保全教育・ESD）で、人類が存続するために必要な環境を考え、行動できる人材を育成するものです。目標が理解ではなく行動にある点が、理科教育との大きな違いです。なお、保全教育は野生動物や生態系の保全を前面に押し出す場合の表現で、持続可能な開発という考え方を前提にする場合はＥＳＤ（イーエスディー）（Education for Sustainable Development）と言います。日本では文部科学省はESDを使い、環境省は環境教育を使う傾向がありますが、突き詰めればこれらは同じところに辿り着きます。つまり、私たちが地球上で持続的かつ豊かに生活してゆくための人材育成です。これら3つの区分も便宜上のもので、動

物園が保全教育を語るうえで動物への敬意や共感を重視しますから、3つめは他の2つを含むと考えられます。環境教育に関する環境省のホームページにも理科の「生態系・生物多様性」や道徳の「生命尊重」、さらに多様な科目での「自然への愛着」が並んでいます。

　これとは別に、だれにどうやって教えるのかを語るときに使われるのが、社会教育と学校教育です。この区分は簡単で、学校を対象にするのが学校教育で、それ以外が社会教育です。これらを包括して生涯教育（生涯学習支援）と言うこともあります。さらに幼児教育や成人教育といった言葉もあり、「教育」が氾濫して混乱するのも無理ありません。

　重要なのは、教育とはなにかを教え込むこと（啓蒙）ではなく、だれかを育てることだという点です。JAZAの教育方法論研究で環境教育専門家の小河原孝生さんが説明したのは、学習する人が少しずつステップアップするための段階的な内容の用意です。簡単に言えば［感じる］⇒［知る］⇒［考える］⇒［行動する］という流れで、後述するボランティアや寄付は具体的な行動の形の1つです。ただし、動物園がすべての人々を［行動する］に到達させるというのは現実的でも理想的でもありません。動物園は社会のなかの1施設ですから、人々が動物園をどう使うかは1人1人の主体性に拠るべきです。動物園が行なうべきは、このような段階的内容を用意して人々に参加を促すことです。国立科学博物館や長崎歴史文化博物館で活躍した大堀哲さんは、博物館の役割は利用者が「生活を切り開いていく力、地域の文化を創造する力、そのために活用されるよう支援すること」であり、利用者が学んだことや文化の創造の成果を博物館が蓄積し、社会に還元する方策が大切だと述べています。動物園がすべてを背負い込む必要はないのですが、そのような選択肢を人々に提供することはたしかに大切でしょう。

　ここまでの話を、動物園の利用を軸に模式的にまとめました（図2.14）。一番多いのは動物園に来ない非利用者層でしょうから、まず必要なのは情報発信の活発化や、なぜ来ないのか調査して来園を促すことです。来園してくれれば展示を通じてなにかを感じてもらう機会が生まれます。動物園が魅力的だと感じれば、繰り返し来園するリピーターになって、動物のガイドなどを通じて知ってもらう機会は増えます。ここまでは展示などのハードが中心で、動物園はほとんどの博物館より遥かに有利な立場にあります。博物館の経営戦略で「家

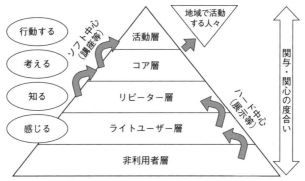

図 2.14　動物園水族館における利用者層ごとの教育普及事業の模式図。

族の思い出のシーンにミュージアムの思い出が欠かせない一場面になれば大成功」という話がありますが、この意味で動物園はすでに大成功しているのです。

　問題はその先で、繰り返し来園するだけのリピーターから、講演会などのイベントに積極的に参加するコア層に進んでもらう仕掛けが必要です。コア層というと耳慣れないでしょうが、多くの動物園や博物館には友の会などがあり、定期的に機関紙を送ったりして講演会などの情報を知らせています。このような人々に動物の現状や課題を考えてもらうことで、「なにかやらなくては！」と自ら行動してほしいわけです。この行動にもいろいろなパターンがあります。動物園ボランティアも1つの形ですし、地域の環境保全や動物愛護に携わる団体に参加してもらうのも良いでしょう。たくさんの人が訪れる動物園は、人々と地域の団体をつなぐチャンネルになりうるのです。

　しかし、このような活動には相当の労力が必要です。とくに最終段階では1人1人の参加者と対話して信頼関係を構築しながら、相手に合わせて気づきや行動を促すことが大切なので、どれだけ多くの人との関係を構築できるかが課題です。このような課題にきちんと向き合うには教育普及の担当チームがほしいのですが、日本の公立動物園にそのようなチームができたのはおおむね2000年以降で、まだ少ないのが実情です。私自身、日本平動物園在職時には少人数相手の取り組みが必要だと思いながら、仕事の優先順位上、ほとんど着手できませんでした。経理や予算決算、さまざまな会議やイベントの運営などで手一杯だったのです。それで、市役所本庁に異動してから動物園ボランティアとして仲間と一緒に取り組みを始めたのですが、ボランティアの限界も感じ

ました。そのような体験もふまえて、具体的な手法を 2 つ紹介します。

　1 つは動物園ボランティアですが、重要なのは 1 人 1 人をいかに育成するかです。これを動物園職員が行なうのが良いとは限らず、ボランティアの先輩が後輩を育てる形もありえますが、どちらの場合も手本となる人物（ロールモデル）がいると話が早いでしょう。その意味では、動物園職員が担当するほうが話は単純です。少なくとも欧米の動物園では園長がロールモデルとして職員の模範となることが求められます。つまり、園長が職員の模範となり、その職員がボランティアの模範となれば良いのです。世界動物園水族館保全戦略が提唱する「保全文化の創出」を考えれば、これが合理的です。ボランティアと言うとお手伝いしてくれる人だと思いがちですが、じつは教育の成果を体現する存在なのです。とくに教育ボランティアの場合は、ボランティア育成そのものが教育事業であるうえ、ボランティアによる教育活動も行われ、その活動を通じてボランティア自身がさらに成長するという意味で、三重の教育活動とも言われます。なお、話が簡単なのでロールモデルで説明しましたが、私自身は職員はファシリテーターであるほうが良いと考えています。ロールモデルが自らの姿勢を明確に示すのに対し、ファシリテーターは客観的な立場から 1 人 1 人の意見を聞いて成長を支援するのが大きな違いです。ただし、ファシリテーターとしての役割を果たすには相当の能力と訓練が必要です。

　もう 1 つはファンドレイジングで、お金を出すという行動を促すことです。ボランティアはどうしても時間を取られるので、参加できる人が限られます。この点、寄付という行動はボランティアより取り組みやすいというのが、日本ファンドレイジング協会の調査結果です。なによりもファンドレイジングとは、人々に社会課題を訴えて共感の輪を広げ、同時に解決策も提案することで、寄付という形での参加を促す手法です。これは動物園が保全教育を行なううえで合理的で、だからこそブロンクス動物園の「コンゴ」や「マダガスカル！」には展示の最後に寄付を促す仕掛けがあったのです。動物園が抱える課題は保全だけではないので、動物福祉の向上に参加してもらう手もあります。ファンドレイジングを理解するには、ドナーピラミッド（寄付者ピラミッド）の全体像をとらえることが重要です。図 2.14 では非利用者からライトユーザー、リピーター、コア層、活動層というピラミッドを示しましたが、ドナーピラミッドではたんなるリピーターは潜在的寄付者です。ファンドレイジングでは、いか

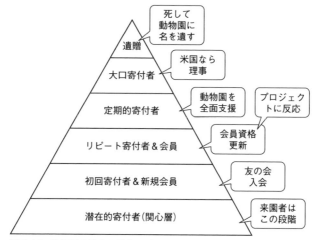

図2.15　動物園の場合のドナーピラミッドの模式図。上位の段階に進んでもらうためには、顔の見える人間どうしの信頼関係が大切とされる。

に彼らに働きかけて友の会入会などに誘うかが問われ、さらに保全や動物福祉を支援するプロジェクトに参加してもらいます（図2.15）。その頂点は遺贈寄付（遺産の寄付）ですが、このようなドナーピラミッドを構築するうえで重要なのは顔の見える人間どうしの信頼関係で、ソーシャル・キャピタル（社会関係資本）とも呼ばれます。教育活動とファンドレイジングは人々との関係構築を前提として、社会課題を提示して解決への参加を促すものなので親和性が高いのです。

　このような活動の一端にクラウドファンディングがあります。たとえば、2017年に募集を始めた富山市ファミリーパークのライチョウ基金は、ニホンライチョウの保全を呼びかけて2600万円余を集めた後、継続的に活動しています。また、2020年にコロナ禍もあって行なわれた那須どうぶつ王国と神戸どうぶつ王国のプロジェクトでは、ニホンライチョウやツシマヤマネコの保全とともにマヌルネコやコビトカバなどの新展示場設置をうたって合計9000万円余を集めました。この際、両どうぶつ王国ではオンラインでの受付とは別の相談窓口を設けたところ、急に高齢者からの寄付が増えたそうです。

　ただし、ファンドレイジングの場合、人々は動物園に寄付すれば解決に参加したことになり、あとは動物園がなんらかの活動をして報告することが求められます。より積極的に人々の行動を変える手法としてソーシャル・マーケティ

ングがあげられますが、
これについては『動物園
から未来を変える』を読
んでください。

　教育普及を考える際は、
活動を飼育動物や動物園
内に限定しないことも重
要です。前節で述べた動
物園がフィールドに関わ
る意義がここにも出てき

図2.16　井の頭自然文化園の「いきもの広場」。

ます。すでに述べたように動物や自然というのは奥深く巨大な対象なので、言
葉だけでは理解できず、思いどおりにもならない相手だと体験する機会は重要
です。友の会メンバーを対象とした生息地見学ツアーなどはその一例です。他
にもユニークな取り組みとして、動物園内で里山再生に取り組んでいる富山市
ファミリーパークの「市民いきものメイト」や、動物園内に造ったビオトープ
（動植物の生息空間）でボランティアも交えて観察会を行なっている井の頭自
然文化園の「いきもの広場」があげられます（図2.16）。

　ただし、このような人と人が接触する教育普及活動は2020年のコロナ禍に
よって大きな影響を受け、さまざまな活動が休止し、オンラインでの取り組み
が活性化しました。私自身も動物園と連携したオンラインイベントなどを行な
いましたが、やはり重要なのはオンラインで見える活動それ自体よりも、それ
を支えるリアルな人間関係とコミュニケーションだと感じました。

　議論を呼びやすい教育普及活動に、ショーと小動物のふれあいがあります。
おもに動物福祉の観点から批判があるのですが、なにが良くてなにがいけない
かを明確にするのは容易でありません。たとえば、環境エンリッチメントやハ
ズバンダリー・トレーニングの解説は推奨されるべきです。一方で、野生動物
を擬人化して本来の生態とは異なる芸をさせ、さらに笑いものにするような真
似は、およそ志の高い野生動物展示施設たる動物園にふさわしくありません
（1970年ごろまでは多かったのですが）。問題はこの間にあるグレーゾーンで
すが、欧米を見るとアシカならOKなことでも、ゾウやイルカにはきわめて
気を遣っている印象です。米国のシェッド水族館では、イルカショーの最中に

図2.17　ふれあいコーナーのヤギ。ブラッシングを求めて顔をすり寄せている。安佐動物公園にて。

イヌとアシカが登場してトレーニングなどの解説をしていました。イルカだと批判されやすいことを、イヌやアシカをはさむことで理解してもらおうというわけです。バードショーは近年、日本でも増えてきましたが、欧米ではさかんに行なわれています。なお、個人的には、完成された形よりもトレーニングの過程を見せてくれたほうがおもしろいと感じます。完成されていない状態ではなにが起きるか予想しにくいのでトレーナーはたいへんでしょうけど、動物が試行錯誤しながら生きている姿を感じられる瞬間が私は好きなのです（逆に、台本どおりに「失敗」を演出したと感じると一気に興ざめします）。

　動物とのふれあい（ここでは動物にさわること）は、世界動物園水族館動物福祉戦略もヤギなら問題ないと書いています。実際、ヤギはブラッシングなどを求めて、自分から待避場所を出て来園者に近づきます（図2.17）。人間にとっても大きな事故になりにくいので、欧米の動物園でのふれあい（petting）はヤギで行なわれるのが一般的で、むしろヤギにさわれないほうがめずらしいでしょう。モルモットやヒヨコのような小動物を人が抱く場合、動物が安心して落ち着いているのか、怖くて動けないでいるのかが問題です。慣れたモルモットは膝の上に乗せて手を放してものんびりしていて大きなストレスはなさそうですが、これは個体差が大きく、どうやってそこまで学習させるかも課題です。ヒヨコの場合、もともと猛禽類などのエサとして持ってきて、一時的にふれあいに使うことがあるので、「命を大切にする」という言い方に照らすと表と裏の使い分けをしていることになります。日本社会はこのような使い分けに寛容ですが、米国では強い批判にさらされるでしょう。これで良いか否かを決めるのは合意形成の問題ですが、多様な価値観を持つ人々があらゆる手段で情報発信する時代ですから、リスク管理の観点でも検討が必要です。このように

小動物とのふれあいは社会的にどこまで容認されるかという問題なので、動物園としてはこれまで OK だったからと甘えることなく、自分たちがなにを目指しているのかもふまえて個別具体的に検討すべき課題と言えます。

　この節では教育普及を中心とした動物園と人々の関係を扱いました。それぞれの場面で典型的な事例や模式化した図式を紹介しましたが、ここでは扱えなかった事例や模式化した図式に収まらない話をあげればキリがありません。そもそも人間の生き方は 1 人 1 人違っているのですから、模式化よりも個別具体的な関わりを多様に展開することが大切です。保全もそうですが、このような話は大きな理想を描いたうえで少しずつ現実を変えるしかなく、理想のほうも先へ先へと進展するので、理想と現実のギャップはつねにあります。ただ、それにしても日本の動物園は後手に回っている印象があります。その背景には日本の動物園が抱える構造的な問題があるので、次節からは舞台裏の経営面をご紹介します。

2.5　動物園の設置者と法律

　まず、だれが動物園を設置しているのか見てみましょう。この場合は最初に造ったのがだれかではなく、現在の所有者はだれかという話です。2021 年 7 月時点の JAZA 加盟 90 園は、公立 72 園、民営 17 園、その他 1 園（第 3 セクター方式）に分けられます。公立をさらに区分すると国立 1 園（海の中道海浜公園動物の森）、都道府県立 9 園、市区町村立 62 園で、大半が地方自治体です。JAZA 非加盟の施設は数えられませんが、公園内の動物飼育施設は全国各地にあるので、やはり地方自治体が多そうです。なお、みなさんが想像しやすいゾウ・キリン・ライオン（ないしトラ）が揃っている「いわゆる典型的な動物園」はほとんどが JAZA 加盟で、その内訳は国立 0 園、都道府県立 4 園、市区町村立 23 園、民営 10 園で、民営のうち 8 園はサファリ系の施設です（表 2.1）。これらの動物がいるから立派という話ではありませんが、この「いわゆる典型的な動物園」は年々減っており、まだまだ減る見通しです。2.1 節で述べたようにゾウを飼育するハードルが上がっており、今いるゾウが死んだら、飼育を継続できない動物園が多いためです。

　これだけ公立が多いと、気になるのが法律です。法律はいわば、役所を動か

表2.1　JAZA加盟動物園の設置者。ゾウ・キリン・ライオン（ないしトラ）が揃っている施設を「いわゆる典型的な動物園」とした。

	JAZA 加盟数	公立計	公立			民営	その他
			国	都道府県	市区町村		
動物園	90 (100%)	72 (80%)	1 (1%)	9 (10%)	62 (69%)	17 (19%)	1 (1%)
いわゆる典型的な動物園	37 (41%)	27 (30%)	0 (0%)	4 (4%)	23 (26%)	10 (11%)	0 (0%)

すプログラム言語で、役所は法律で決められたこと以外できないからです。つまり、公立動物園には根拠となる法律（根拠法）が必要で、その法律を国のどの省庁が所管しているかも重要な問題になります。なお、民間は法律で禁止されていないことはできるので、役所と民間では法律の役割がまったく違います。

　この章の冒頭で紹介した博物館法を見ると、いかにも公立動物園は博物館法にもとづいて設置されたように思われるかもしれません。しかし、じつはJAZA加盟の動物園で博物館として登録しているのは大町山岳博物館（公立）だけで、「いわゆる典型的な動物園」はないのです（2021年にJAZAを脱退した日本モンキーセンターも登録博物館です）。大きなネックは、公立施設が登録博物館になるには教育委員会の所管でなければならない点で、たとえば上野動物園は東京都建設局の所管なので、登録博物館ではなく博物館相当施設でした。これが大きく影響したのは、東京都が動物園を地方独立行政法人にできないかと国に相談したときです。なにが地方独立行政法人になれるかは国の省庁が決めるのですが、このときは「動物園を定義している法律がない」という理由で、どこも動いてくれませんでした。これを受け、東京都の動物園は2006年に指定管理者制度への切り替えを行ないました。しかし、その後で大阪市の博物館が頼むと文部科学省が動き、動物園も地方独立行政法人にできるようになったのです。これにより、大阪市の天王寺動物園は2021年4月に地方独立行政法人になることができました。なお、博物館の登録制度には課題が多いため、2021年7月現在、法改正に向けた検討が行なわれています。

　博物館法の定める博物館でないのなら、動物園の根拠法はなんでしょうか。動物園の多くは公園にありますから、都市公園法も関係が深そうです。実際、この法律は公園に設置できる教養施設として動物園を明記しており、公園のなかに建物を造れる「建築面積」が通常の2%ではなく10%で良いと定めてい

ます。動物園には飼育施設などたくさんの建物が必要なので、これは重要です。さらに、公園は国土交通省の交付金の対象になるので、動物園にもその恩恵が来ることがあります。施設のリニューアルには数億円から数十億円は必要なので、交付金の対象になるかどうかがリニューアルの実現を左右することもあります。とは言え、この法律は公園に動物園を設置できるようにしているだけで、動物園の目的や条件は規定していません。やはり「動物園を定義している法律」はないのです。

　じつは多くの公立動物園にとって唯一、根拠法と呼びうるのは地方自治法です。この法律は、住民の福祉増進を目的として、住民が利用する「公の施設」を設置できると定めています。この場合の「福祉」は幸福という意味なので、公立動物園とは住民の幸福のために自治体が設置した公の施設だと言えます。当然、この法律も公立動物園の運営に大きく影響しています。まず、入園料は条例で定めないといけません。このため、入園料の改定には市議会や県議会に条例を改正してもらう必要があり、現実問題として非常にたいへんです。日本の動物園の入園料は欧米に比べてきわめて安いのですが、大きな理由の1つがこれです。また、東京都や横浜市の動物園は、東京動物園協会や横浜市緑の協会といった指定管理者が飼育や教育普及の実務を行なっていますが、この指定管理者制度を定めているのもこの法律です。ただし、動物園にとって指定管理者制度は問題の多い仕組みです。くわしくは第3章で米国やドイツ語圏の動物園と比較しますが、簡単に説明しておくと、動物の所有権が役所にあるのに、動物を飼育し、動物園間で交換する能力は指定管理者にしかないこと、指定管理者は定期的に選定しなおす仕組みなので長期計画が立てにくいこと、動物を理解している人間は指定管理者にしかいないのに、施設のリニューアルは役所の仕事であることなどがあげられます。建物の基本構造が決まっている体育館や文化会館ならまだしも、1つ1つ動物の特性を考えて施設をリニューアルすべき動物園とは、きわめて相性の悪い制度なのです。

　このような状況に対し、JAZA は 2013 年、環境省に動物園水族館法の制定を要望しました。これを受けて環境省が開催したのが、「動植物園等公的機能推進方策のあり方検討会」で、結果だけ言えば、種の保存法（絶滅のおそれのある野生動植物の種の保存に関する法律）を改正して、国内の希少動植物の保護増殖に関わる動植物園を「認定希少種保全動植物園等」に指定する仕組みが

できました。ただし、これに認定されている動物園はお世辞にも多いとは言えないのが現状です。

環境省はこの他にも動物愛護管理法（動物の愛護及び管理に関する法律）や外来生物法（特定外来生物による生態系等に係る被害の防止に関する法律）など動物園に深く関わる法律を所管しています。とくに前者は動物取扱業の登録や、猛獣など特定動物の飼養許可を求めており、公立だけでなく民営の動物園にも必ず関わる法律です。

この他にも動物園に関連する法律は、家畜伝染病予防法、感染症予防法、天然記念物を定めた文化財保護法などなど多くあります。動物の輸出入についてはワシントン条約が重要ですが、これを反映しているのは外国為替及び外国貿易管理法の輸出貿易管理令です。

なお、過去には児童福祉法を根拠法とした動物園もありました。1953年に愛媛県が設置した道後動物園（現在は移転して愛媛県立とべ動物園）です。公立動物園を福祉部門が所管するのは例外的な事例ですが、そういう考え方もできるわけです。

法律は普通の日本語とは違うので読みにくいのですが、さまざまな角度から日本の動物園のあり方を規定しており、他園との動物移動や施設リニューアルなどの場面で大きく影響します。ここでは現状をざっくり紹介しましたが、これが日本の動物園のあり方を考えるうえで重要な前提になるのです。

2.6 動物園の経営と園長

石田戢さんは、日本の動物園の経営上の最大の問題は「動物園が自主的運営をした事例がほとんどないこと」だと指摘します。公立動物園は予算や人事で当局（本庁）に支配され、民営動物園も多くが親会社のもとで運営されています。オーナー園長の動物園もありますが、ここで問題になるのが日本の動物園の入園料の安さです。くわしくは第4章で述べますが、日本の動物園は1950年代までは公立でも独立採算でしたが、高度成長期に入園料を上げずに子どもや高齢者を無料化したことで、欧米に比べてきわめて安くなりました。動物園と水族館を比べると違いは明らかで、日本では動物園は安くてあたりまえなのに、水族館は高くても理解されます。日本の動物園内に水族館がない一因がこ

れで、入場料の高い水族館を建設するなら、安くて当然の動物園とは別にする
のが合理的です。なお、以前は上野動物園には水族館がありましたが、1989
年に葛西臨海水族園として独立して以降、本格的な水族館を持つ動物園はなく
なりました。かくして動物園は安くて当然となり、民営動物園も入園料を上げ
にくくなって（これは民業圧迫とも言えます）、サファリパークだけが別の扱
いになっているのが日本の現状です。

　この収入構造は、必要なところにお金を回せない結果を生み出しています。
みなさんは、動物園の支出の 1 番目と 2 番目はなんだと思いますか。じつは、
支出の半分以上を占めるのは事実上の人件費で、その次に多いのが施設建設な
どの投資的経費です。ですから、支出を引き締めるときにまず行なうのは、施
設リニューアルの先送りなど投資的経費の抑制です。老朽化した施設をいつま
でも使うので動物福祉にも保全にも悪影響がありますが、傍目には変わってい
ないだけに見えるので厄介です。さらに経費を切り詰めようと考えれば、人件
費の削減が不可避です。これにはさまざまな形があり、たとえば職員がやって
いた仕事を外部に委託するのは常套手段です。正規職員から非正規への切り
替えも、定年退職者が増えた 2000 年ごろから多くなっています。最初は 60 歳
を超えて定年退職した人を非正規で再雇用するのですが、この人が辞めたとき
に若い非正規職員を採用して、正規職員が少ない状態を固定化するのです。第
1 章で触れた職員の非正規化の背景にあるのはこれで、動物園に限らず役所全
体で行なわれています。さらに大きく変える手段が直営から指定管理者への切
り替えで、直営なら公務員がやっていた仕事を指定管理者にゆだねることで、
給与体系全体が変わります。これを実際にやったのは東京都や横浜市など少数
ですが、この 2 つは国内最大と第 2 位の動物園組織ですから、日本の動物園の
将来に大きく影響することはまちがいありません。

　指定管理者制度との相性の悪さは前節でも触れましたが、さらに追加すると、
動物園は動物を飼育繁殖させて、他園との信頼関係にもとづいてブリーディン
グローンすることで成立しています。この際、動物種によっては飼育繁殖に熟
達した技術が不可欠です。たとえば、コアラはエサのユーカリの安定確保が必
須ですが、台風などの影響を考えると複数の場所で栽培する必要があり、その
栽培指導まで動物園職員が行なうことがあります。2.3 節で紹介したライチョ
ウは環境省との連携によって域外保全に着手しましたが、腸内細菌が特殊なの

で試行錯誤が必要でした。類人猿のような知能の高い動物は飼育員との信頼関係が重要なので、簡単に飼育担当者を替えることはできません。このような動物たちを扱いながら、動物園はブリーディングローンを成り立たせているのですが、その基盤にあるのは職員どうしの信頼関係のネットワークです。ですから、きちんとした動物園であれば、指定管理者の変更はおよそ起きるべきではないのですが、制度上、少なくとも形のうえでは定期的に選びなおすことになります。さらに、直営であれば同じ公務員という立場だったのが、選ぶ側（役所）と選ばれる側（指定管理者）に分断され、選ばれる側の持つ動物に関する専門性が、選ぶ側の決定（施設リニューアルを含む）に十分に反映されない危険が出てきます。指定管理者が必ずしも直営より悪いとは言わないのですが、動物園にとって施設リニューアルは命綱であり、これがうまく回るか見通せないというのが私の認識です。

　一方、石田さんが指摘していた予算や人事による支配という縛りは、直営のほうがずっと厳格で硬直的です。簡単な問題点を２つあげると、まず売店や食堂は経営が別になります。ある程度大きな直営の公立動物園には売店や食堂を経営する動物園協会があることも多いですが、これは園長の指揮命令を受けない別組織です。次に、単年度会計で収入と支出が切り離されているのも問題です。つまり、入園者が増えて収入が増えても、動物園の支出は増えません。入園者が増えて喜ぶのは動物園ではなく役所の本体で、動物園に投入する税金が減るだけなのです。良く言えば安定しているのですが、これではインセンティブ（やる気を引き出す刺激）は働きません。2.4節でファンドレイジングの話をしましたが、寄付をもらっても同じことが起こりうるので要注意です。この点は基金を設けることでかなり解消できるので、直営の動物園への寄付を考えるのであれば、その動物園が基金を持っているか確認してください。

　欧米の動物園との比較は第３章でくわしく扱いますが、結論だけお話しすると日本の動物園は、市民にとって「安かろう、悪かろう」という状態で、役所から見れば「質の割に負担が大きい」と言えます。これが、施設リニューアルの遅れや職員の非正規化を招き、動物園にとっては「制度上、改善が困難」になっており、市民・役所・動物園の３者とも不満足な状態に陥っています。この原因は、欧米の主要動物園が役所と一定の距離感を持った非営利・非政府組織（以下、NPO・NGO）であるのに対し、日本の動物園はずっと役所の仕

組みのなかでやってきたことにあります。くわしくは第4章で説明しますが、ここで私なりに言いきってしまうと、日本の動物園はいまだかつて一度たりとも、まともに経営されたことがないのです。

　さて、動物園の組織的なトップと言えば園長ですが、石田さんは日本の公立動物園の園長について事務系が半数を占め、残りの半数以上は獣医師だが、その半数は動物園出身者ではないと述べています。つまり、動物園での実績を評価されて園長になった事例は少数派なのです。ただし、富山市ファミリーパークの園長だった山本茂行さんは、園内の「井の中の蛙」より園外の「広い世界」を知る人のほうが戦略を実現できることもあると指摘します。たしかにそのとおりで、公立動物園の園長は役所の動かし方を知らなければなにも実現できません。日本平動物園の予算担当をしていた私は、財政課との折衝で園長の意向を伝えたときに「園長っていっても、ただの課長でしょ」と言われたのですが、これもたしかにそのとおりなのです。大きな動物園の園長は1ランク上の部長級ですが、それでも役所全体から見れば中間管理職の1人です。当時は直営だった上野動物園の園長を長く務めた浅倉繁春さんは退職後に出した本のなかで、都は巨大なので「末端組織の動物園の問題点がトップに理解されるには、たいへんに複雑で難しい」と嘆いています。JAZA会長でもあった浅倉さんは欧米の動物園長と交流を深め、種の保存などの取り組みを進めましたが、役所を動かすのにたいへん苦労したわけです。

　それでも、ある程度の能力のある園長がそれなりの期間いてくれると、少なくとも部下に対しては責任を取れる状態ができます。園長がOKしたから進めよう、という話ができるわけです。この状態は欧米の動物園ではあたりまえですが、それがむずかしいのが日本の現状で、ここだけでも改善できると現場でできる環境エンリッチメントなどは大きく前進することがあります。ただし、1人の人物がずっと園長を務めるのは良い面と悪い面があり、一歩まちがえると権威主義的で動きづらい組織になります。それでも欧米の園長は10年以上在職するのが普通なのですが、この要因の1つは園長がファンドレイジングの責任者であることでしょう。チューリッヒ動物園の名物園長だったアレックス・リューベル（Alex Rübel）が話してくれたのですが、とくに遺贈寄付を得るために重要なのは園長の知名度と信頼性だそうです。第3章でくわしく説明しますが、欧米の園長が長く在職する大きな理由として、外部に対する動物

園の顔としての価値を確保することがあげられるのです。

　このように日本の動物園は経営形態という構造的な問題を抱えていて、だれも満足できない状態に陥っています。米国での経験をふまえて私が感じたことは、この状況を変えるには役所のやり方から脱して、寄付などを集められる組織になるべきだということです。しかし、自分が静岡市役所のなかでどう動けばそれを実現できるのかと考えると、かなりハードルが高いと思わざるをえませんでした。2013年に地方独立行政法人になる道が開かれましたが、これは大規模な組織に適した仕組みで、どこかの大都市がやってくれないとむずかしそうでした。そもそも、このような改革は市役所の職員が1人で叫んでも実現できません。園長ですら「ただの課長」なのです。こういうときは、外部の専門家を集めた検討会を開いて提言をもらう手をよく使いますが、困ったことに動物園経営にくわしい専門家がほとんど見当たりません。大学への転職という話が出てきたのは、そんなことを考えていたときでした。当時、私は静岡市の企画課にいたのですが、前述のような動物園改革を課長に話したところ「それは外からやったほうが早いね」と言われ、「私もそう思います」と答えました。市役所のなかでやってきた職員どうし、市役所の限界については通じ合う認識があったのだと思います。かくして、私は2015年に現在の仕事に移ったのです。

　その後、早くも2016年には大阪市天王寺動物園の経営形態検討懇談会に加えていただき、2021年に同園は日本の動物園で初の地方独立行政法人になりました。市役所時代に悩まされた専門家が見当たらない状況を私自身が転職することで少しばかり埋めたわけですが、そういった外部の専門家の意見をうまく使いながら、大阪市役所内で戦略的に動いて実現にこぎつけたのが、同園の園長だった牧慎一郎さんです。

　この地方独立行政法人という形は、直営や指定管理者よりも動きやすくなる可能性があるのですが、施設リニューアルを繰り返しながら経営する独立行政法人はめずらしいので、動物園をうまく回すために必要な仕組みをつくりあげる必要があります。一方で、出資できるのが地方自治体に限られ、その自治体の議会が認めないと入園料を改定できないといった限界もあるので、さらに良い形を模索していくことも重要です。

　どうやら日本という国は、税金と、寄付などの善意の資金をミックスして使

う仕組みが発達しておらず、これが大きな足枷になっているようです。これは
「新しい公共」といった考え方を実現するうえで重要な問題なので、動物園だ
けでなく日本社会そのものが抱える課題です。次章ではこのような仕組みを頭
に置きながら、欧米の動物園を紹介します。

2.7　第 2 章のまとめ

1. 動物の展示造りには、その動物をより深く理解し、より良いオリジナルを
   造りだすことが求められる。展示施設は世界レベルで進化しており、日本
   のホッキョクグマやゾウの施設は時代遅れになっている。明らかに人工と
   わかる物をどれだけ積極的に使うかは議論があり、自然な景観に浸し込む
   手法をランドスケープ・イマージョンと呼ぶ。多くの人にメッセージを伝
   えることが可能で、ブロンクス動物園の展示は保全教育を強く打ち出して
   いる。

2. 野生動物の飼育には想定外のことはつきもので、事故防止のために考慮す
   べきことは多い。動物園には、動物の心身に負担のない状態を人間が見て
   不自然でない形で実現することが求められる。飼育動物の QOL 向上のた
   めに、動物が安心できる空間の確保に加え、ハズバンダリー・トレーニン
   グや環境エンリッチメントを行なう。QOL 向上とは、ストレスや痛みをゼ
   ロにすることではない。老齢動物をどこまでケアし、どこで安楽殺すべき
   かは日本と欧米で見解が異なり、個別具体的に考える必要がある。

3. ほとんどの動物が動物園生まれなので、遺伝的多様性を保持するための血
   統登録や種別計画を JAZA の生物多様性委員会が統括している。繁殖や動
   物福祉の調査研究も進んできたが、欧米に比べると生息地との関わりが弱
   いなど課題も多く、その背景には組織的な違いがある。種の保存のために
   は動物園が協調して飼育する種を選ぶコレクションプランや、どうしても
   余剰になる個体の引き受け手も重要で、施設リニューアルが必要な場面も
   ある。

4. 教育とレクリエーションの区分はあまり本質的でなく、動物園と人々の関
   係構築と公益性の問題と理解できる。とくにレクリエーションは自分と家
   族のための動物園利用の総称で、子育て支援などの意味が含まれる。教育

面で大切なのは、私たちが地球上で持続的かつ豊かに生活してゆくための人材育成で、［感じる］⇒［知る］⇒［考える］⇒［行動する］という段階的内容を用意すべきだが、後半部分が弱いのが課題。具体的な行動としてはボランティアや寄付があり、教育とファンドレイジングは親和性が高い。ショーと小動物のふれあいには批判もあり、個別具体的な検討が必要。

5. 大半の動物園は地方自治体（都道府県・市区町村）が設置している。多くの公立動物園にとっては地方自治法が唯一の根拠法で、住民の幸福のために自治体が設置した公の施設と位置づけられる。ただし、博物館法、都市公園法、種の保存法、動物愛護管理法など動物園に関係する法律は多い。これらの法律によって、指定管理者や地方独立行政法人という形が可能になっている。公立動物園の入園料改定には議会による条例改正が必要で、現実問題として非常にハードルが高い。

6. 入園料の安さは、施設リニューアルの先送りや人件費の圧迫につながっている。指定管理者制度は動物園とは相性が悪く、直営もさまざまな限界がある。日本の動物園は市民・役所・動物園の3者とも不満足な状態で、いまだかつて一度たりとも、まともに経営されたことがないとすら言える。園長は、欧米に比べ頻繁に変わるが、この背景には欧米の園長はファンドレイジングの責任者だという事情もある。税金と寄付などをミックスして使う仕組みが発達していないのは日本社会そのものの課題。

3 欧米の動物園

3.1 ヘンリードーリー動物園（米国オマハ市）

　「日本の動物園は世界標準に追いつくどころか、多義的な機能を追求する組織に育っていない」というのはブロンクス動物園（ニューヨーク）で働いていた本田公夫さんの指摘ですが、ここまでに見た保全や動物福祉、展示、研究などあらゆる面で、日本は欧米の先進動物園と対等に付き合える状態にありません。川端裕人さんに言わせれば「周回遅れ」で、村田浩一さんは「日本の動物園が欧米の先進動物園に比肩する知識と実力を身に付け」るために動物園学が必要だと訴えています。このような格差を私が痛感したのは、2001年に滞在した米国オマハ市のヘンリードーリー動物園（現在の正式名称は Omaha's Henry Doorly Zoo and Aquarium）でした（図3.1）。

　オマハ市は、米国のほぼ中央にあるネブラスカ州最大の都市ですが、都市圏人口は80万人ほどで郊外には広大なトウモロコシ畑や牧場が広がっています。静岡市の姉妹都市だったおかげで私はこの街に1年近く滞在し、うち4カ月を動物園が所有する一軒家で過ごしました。裏手から出れば動物園の職員エリアという場所で、夏場には10人以上の実習生が過ごす家を秋から冬にかけて一人占めさせてもらい、ネズミに小麦粉を食べられたり、裏庭で野生のウッドチャックに出会ったりしながら暮らしたのです。私がお世話になった教育部門は屋内ジャングルの建物内にあったので、毎日ジャングルの地下にあ

図3.1　ヘンリードーリー動物園の砂漠ドーム。高速道路からよく見えるランドマーク的施設でもある。

図3.2 1992年のオープン時には世界最大の屋内ジャングルだった「リードジャングル」。

る管理通路を使ってオフィスに通いました。

この屋内ジャングルは川端さんが『動物園にできること』でくわしく紹介しているのでそちらに譲るとして、この建物は同園最大のレストランと教育部門のオフィス、教室、ボランティアルームなどが一体になっていました。屋内ジャングルの隣の部屋をガラス張りのレストランにして、その下を教育施設にしたのです。建設費約16億円は全額を寄付で賄ったのですが、その半額はオマハ出身のリードさんの遺産で設立された財団が出したので、リードジャングルと命名されました（図3.2）。建設費の半額でネーミングライツ（命名権）を提供するのは同園のお決まりの手で、他にもスコット水族館（正式には The Suzanne and Walter Scott Kingdoms of the Seas Aquarium）、ハバード・ゴリラの谷などがあります。スコット水族館は米国中央部には数少ない本格水族館でサメのトンネル水槽や極地ペンギンの展示もありますが、地下の一部が園長室など幹部オフィスになっていました。展示施設のために寄付を集め、併せて管理施設も整備したわけです。なお、スコットさんは地元建設会社の社長で、同園の施設建設を一手に引き受けると同時に、自社のパンフレットの目玉に同園の施設を掲載するといった持ちつ持たれつの関係にあります。

1952年までオマハ市直営だった同園は、今も市の公園の一角にあって、公園レクリエーション部から補助金を受けています。経営しているオマハ動物学協会（Omaha Zoological Society）は公益慈善団体（public charity）と呼ばれる米国流のNPO・NGOです。園長の選任や予算の決定を行なう最高意思決定機関は理事会で、スコットさんは理事の1人です。補助金が出ている動物園では、市長などが理事に入ることも多いのですが、同園では市の関係者は決定権のないオブザーバー参加なので、スコットさんのような大口寄付者の理事、つまり財界の大物の影響力が強くなります。ヘンリードーリー動物園という名前

も、地元新聞社の社長だったヘンリー・ドーリーさんの遺産が 1963 年に寄付されたことによるものです。

　私が滞在した 2001 年当時の園長は獣医師出身のドクター・シモンズ（Dr. Lee Simmons）で、30 代のときから 40 年以上も園長を務め、職員間では「ドク」と呼ばれていました。同園には副園長と、動物のキュレーター 5 人、園芸と教育のキュレーター各 1 人、さらに獣医師、研究者、財務、施設維持などの部署がありました。動物のキュレーター 5 人は、飼育統括担当、新施設担当、水族館担当、それにエリアごとといった分担で、それとは別に獣医師や研究者がいる形は、米国ではめずらしくありません。なお、同園では早くからゴリラのハズバンダリー・トレーニングをしていたことが『動物園にできること』で紹介されており、私もその様子を拝見しました。

　私がお世話になった教育キュレーターのエリザベス・マルクレン（Elizabeth Mulkerrin）は高校の生物教師出身で、経営学修士（MBA）を取得して動物園に転職した人です。米国は学歴社会なので、校長になるために MBA を取得する教師は多いそうです。あるとき、彼女は車で 1 時間ほどの隣町の企業で講演したのですが、その内容は動物園そのものの PR で、とくに新施設の建設計画を熱心に説明しました。じつは、この企業は本社をオマハ市に移転するので新たな支援者になると期待されており、企業側もこの講演を社内ネットワークで配信していたそうです。このような講演は幹部職員が分担するそうですが、これは第 2 章で紹介したファンドレイジングの話で、新施設の計画をアピールして寄付を集めるのは幹部職員、とくに園長や副園長の重要な仕事なのです。

　建設計画などの目標を示して寄付を集める手法をキャンペーン型のファンドレイジングと言いますが、同園はオマハ市のなかでは飛び抜けてファンドレイジングがうまい組織でした。動物園が競合する相手として博物館や美術館、植物園などがあげられますが、オマハという米国中部の街にあって「世界最大」を打ち出した施設を実現するなど、オマハで寄付するなら動物園が一番といった地位を確立したのです。それこそがドクター・シモンズの園長としての実績で、150 億円を超える寄付を集めて全米でも屈指の動物園を実現したことが讃えられます。

　地元企業との絆の 1 つがメンバーシップ制度です。日本で言えば、年間パス

ポート付きの友の会会員で、年会費約7000円とけっして安くないですが（動物園の入園料は2000円、1日パスなら4000円）、割引月間には企業相手に1割引で販売する仕組みがあって、各企業の福利厚生担当者を集めて説明していました。これを受けて各企業では、半額を企業が負担して従業員が半額で買えるようにしたり、全従業員に無料で家族メンバーシップを配るなど、動物園のメンバーシップを社員の福利厚生に活用します。さらに、寄付者用の高額メンバーシップが、最高で100万円超まで何段階もあります。高額になるほど寄付として税控除される割合が高くなる仕組みで、園長との懇談会や裏側見学会といった優待特典がついています。なお、税控除とは寄付した金額に応じて税金が安くなる仕組みです。

　私が耳を疑ったのは、教育部門と研究部門が独立採算だということです。正確には、教育キュレーター1人の給与は動物園本体から出るのですが、その他の職員の給与や必要経費はすべて教育部門で調達するのです。初代教育キュレーターだった2001年当時の副園長によれば、これは米国ではかなり一般的な方法だそうです。私がお世話になったエリザベスは卓越した経営手腕の持ち主で、ボランティアが運営する有料の子ども向け動物園教室や誕生パーティー、園内に宿泊するキャンプなどを軸として職員を雇用していました。とくにキャンプは収入が大きく、ボーイスカウトの団体などが毎週泊まっていました。研究部門も、精子や卵を保存する冷凍動物園とマダガスカルの現地調査を旗頭に、さまざまな助成金や寄付を得て運営していました。

　このような経験のなかで私が感じたのは、米国の動物園は日本とはまったく違う考え方で経営していることです。そして困ったことに、その違いは成長速度の差になっていると感じざるをえませんでした。そうだとすれば、時間が経てば経つほど差が開くわけで、今は周回遅れでもいずれ追いつくといった考えは通用しません。ですから、市役所から大学へと転職した私がまず行なったのは、欧米の先進動物園の経営組織の調査でした。

　かくして2016年にヘンリードーリー動物園を再訪した私を待っていたのは、15年以上も教育キュレーターを務めたエリザベスと、園長を辞してなお資金調達部門のトップとして動物園にいるドクター・シモンズでした。エリザベスは、動物園内で保育園のサービスや高校のカリキュラムを提供することで、2001年には正規3人・パート1人だけだった教育部門を、正規15人・パート

60 人の大所帯に育て上げていました。そして動物園本体は総額 200 億円もの全園リニューアルの最中で、ちょうど 70 億円以上をかけたアフリカ草原がオープンし、ゾウやキリン、ライオンなどを広大な敷地で飼育展示していました。リニューアルは全額を寄付で賄っており、そのために 5 人の専門職員（ファンドレイザー）を雇用していましたが、これは 2001 年には 1 人もいませんでした。

　以下、この章では 2016 年に行なった研究成果を中心に、欧米の動物園の台所事情（経営面）を簡単にご紹介します。なお、くわしくは『日米独の動物園経営組織に関する研究』という科研費報告書を PDF で公開していますので参照してください。

3.2　米国の動物園を巡って

　久しぶりにオマハを訪問した私が次に向かったのは、車で 3 時間ほど南にあるカンザスシティ動物園でした（図 3.3）。園長のランディ・ウィストフ（Randy Wistoff）は 2001 年にはヘンリードーリー動物園の副園長だった人で、動物園内のゴミ収集のアルバイトから飼育員になって、初代の教育キュレーターを務めた異色の経歴の持ち主です。15 年ぶりに再会したランディは相変わらず親切に、同園の経営について教えてくれました。

　カンザスシティ動物園も市の直営でしたが、2002 年に公益慈善団体方式に変更して園長を公募しました。以前の園長は市の職員でしたが、経営方式の変更によって園長がファンドレイジングの責任者になるので、オマハで副園長として実務にあたってきたランディが選ばれたのです。直営からの経営変更は、飼育員が市職員の身分を失うなど簡単でない面はあるものの、ファンドレイジングを進め

図 3.3　カンザスシティ動物園の正面ゲート。ZOO の文字の下には「ジャクソン郡とクレイ郡の住民の支援に感謝します」と書かれている。

図3.4 ヘルツベルグ・ペンギンプラザでは、極地ペンギンの屋内展示と、フンボルトペンギンの屋内外での展示を行なっている。

るために行なうことが多いそうです。

経営変更にあたってカンザス市は、同市が所在する2つの郡の売上税に動物園税を上乗せしてもらう大胆な手を打ちました。少し説明すると、米国の州は郡に区分され、市街地だけが市になるので、郡が基礎的な自治体です。そして米国では住民投票によって、特定の目的のために地方税である固定資産税や売上税の税率を上乗せできるのです。こうして、同園は全米でもめずらしい動物園特別区（Zoological District）をつくり、毎年10億円以上もの財源を得ました。

そして100haもの広大な敷地の随所で施設リニューアルを行ない、2010年にはホッキョクグマの展示が、2013年にはヘルツベルグ・ペンギンプラザ（Helzberg Penguin Plaza）が完成しました（図3.4）。このペンギンプラザの建設費は約16億円で、うち3億円を寄付で、残りを動物園特別区の税収で賄ったそうです。ここには「カンザス市の子どもたちのために」という解説板があり、寄付者であるヘルツベルグ夫妻とその両親を讃えています。ヘルツベルグさんの両親は50年以上前にホッキョクグマの購入資金を寄付しており、2代続けて大口寄付者になったそうです。

かくして、10年前には年間40万人だった入園者は90万人に増えました。施設建設費などを除いた経常経費約17億円に対して、自主財源は約9億円で、うち4億円が入園料、2億円がメンバーシップ収入です。理事会には36人の理事がいて、高額寄付者や市の公園レクリエーション部長、市議会議員、それに弁護士が5人いるそうです。雇用や建設など専門の異なる弁護士を理事に任命して、無料で相談できるようにする手法は他の動物園でも使われていました。仕事上の知識や技術を無償提供する社会貢献をプロボノと言いますが、動物園の理事になることはそういった貢献を引き受けることで、名誉なことなのです。

寄付も調達しながら税金も合わせて施設リニューアルする方式は、オマハから車で2時間ほど東にあるアイオワ州の州都デモインの動物園でも行なわれていました。アラン・ブランク（Alan Blank）さんの寄付によって造られたブランクパーク動物園で、ここも2003年に市の直営から

図3.5　ブランクパーク動物園では、経営変更に伴うリニューアルによりアフリカの展示エリアを大幅に充実させ、来園者も倍近く増えた。

公益慈善団体に変更されました。ここには、直営時代から勤務している動物担当園長と、経営していた会社を売って就任したCEO兼園長の2人の園長がいました。経営変更に際して実施した施設リニューアル18億円のうち、10億円を市と州が負担し、残りは寄付で賄いました（図3.5）。市から経営を変更したおかげで市外からも寄付が得やすくなったそうですが、アラン・ブランクさんのご子息の遺産も寄付されており、ここでも2代続いての大口寄付があったことになります。

　米国では同様の事例は多いようですが、シカゴのブルックフィールド動物園とハミルファミリーの関係は特筆に値します。同園にはハミルファミリー・プレイズー（Hamill Family Play Zoo）とハミルファミリー・ワイルドエンカウンター（Hamill Family Wild Encounters）という2つの子ども動物園があります。2001年にできた前者は、遊びながら動物や自然と親しむコンセプトで、2013年には教育チームがホワイトハウスで表彰されました。その発想の基盤にあるのは、保全活動家を育てるには幼いころに動物や自然と遊んだ原体験が必要だという保全心理学の考え方です。2015年にできた後者ではインコやヤギの餌やりができ（図3.6）、ワラビーとエミューの通り抜け展示もあります。

　同園はシカゴ市を含むクック郡の森林保護局の土地にあり、郡から毎年約20億円の補助を受けています。収入不足の場合は入園料を上げるか、郡の固定資産税を上げてもらうかという選択肢があるので、入園料は郡と協議して決

図3.6　ブルックフィールド動物園のハミルファミリー・ワイルドエンカウンター。柵の手前ではヤギに餌やりが、向こう側ではさわることができる。

めるそうです。その理事会のトップにいたのがコーウィズ・ハミル（Corwith Hamill）さんで、2013年に逝去した後は娘さんが理事を引き継ぎ、ハミル家全体で動物園を支援しているという解説板が園内にあります。ハミルさんが大口寄付者になった展示施設の1つが「偉大なるクマの原生自然（Great Bear Wilderness）」で、ホッキョクグマのプールを横から見るコーナーでは、同園の「動物飼育・保全基金（Animal Care & Conservation Fund）」をPRして環境と野生動物への支援を呼びかけています。ファンドレイジング担当の資金調達部門には18人の職員がいて、高額寄付者、小口寄付者、資金調達イベント、助成団体、データ管理などを分担し、施設リニューアルだけでなく、国外での保全研究プロジェクトを実現しています。資金調達部門だけで人件費など年間3億円がかかっていますが、15億円以上の収入を確保しているそうです。

　ファンドレイジングによって施設リニューアルや国外での保全を実現しているのはNPO・NGOの動物園だけではありません。セントルイス動物園は、市と郡の固定資産税が割り当てられる都市動物園博物館特別区（Metropolitan Zoological Park and Museum District）の直営で、入園無料の動物園として知られます。ただし、無料で入園しても、園内電車やアシカショーはおろか子ども動物園にも入れないので、多くの人が約1400円の1日パスを購入します（図3.7）。駐車料も1回1600円と高くて少し驚きました。この結果、年間経費約60億円のうち20億円以上を自主財源で賄い、さらに20億円程度をファンドレイジングしているので、税金からの支出は20億円程度です。

　ファンドレイジングの担当は16人からなる資金調達部門ですが、行政直営の園長の指揮下にあるにもかかわらず、給料などの経費はセントルイス動物園協会（Saint Louis Zoo Association）という公益慈善団体が出しています。フ

ァンドレイジングの経費は税金ではなく、調達した資金のなかでやりくりしているのです。最高意思決定機関である評議会にも政府関係者だけでなく高額寄付者や複数の弁護士がいるので、限りなくNPO・NGOに近い組織と理解したほうが良さそうです。私は同園の保全活動を統括する副園長に話をうかがったのですが、特別区の税収は国外での保全研究活動には使えないそうです。しかし、同園では年間予算の4.5％を保全に支出しており、米国の動物園水族館協会AZAが掲げる3%という目標をすでに達成していました。この財源は外部資金の調達のみな

図 3.7　セントルイス動物園のファーストバンク・アシカショー（First Bank Sea Lion Show）。行政直営の動物園だが、資金提供した企業や個人名を冠したエリアは多い。

図 3.8　セントルイス動物園のメリー・アン・リー保全メリーゴーランド（Mary Ann Lee Conservation Carousel）。米国の動物園には個性的なメリーゴーランドが多い。

らず、保全メリーゴーランド（図3.8）の収入や、売店で買い物したお客さん全員に「保全のために1ドル余分に払いませんか」と尋ねるといった活動で得たものです。つまり、同園は形式的には政府直営（日本で言えば一部事務組合が近い）でありながら、税金ではできない保全のための資金調達に熱意を傾けているのです。

　このように米国では、政府直営の動物園も含めてNPO・NGO的に活動していますが、この流れを牽引してきたのは繰り返し登場するブロンクス動物園に他なりません。一方、米国には第1章でも触れたようにAZAに加盟できない

ロードサイド Zoo も多くあります。そこで次節では、経営的な側面からブロンクス動物園を見たうえで、ロードサイド Zoo も含めた米国の動物園の全体像をとらえます。

3.3 ブロンクス動物園からロードサイド Zoo まで

　前節でブルックフィールド動物園やセントルイス動物園の保全への取り組みを紹介しましたが、保全のための経費割合という点でブロンクス動物園を経営する野生生物保全協会 WCS は別格です。そもそも WCS はニューヨークで 4 つの動物園と 1 つの水族館を経営する部門と、全世界で保全活動を行なう国際保全部門の二本立てになっています。この国際保全部門を支える資金調達部門には 58 人もの職員がいて、ファンドレイジングの経費だけで 10 億円に上る一方で、基金団体からの保全研究活動への助成金など 70 億円もの資金を調達しています。なお、2008 年のリーマンショックで資金調達がむずかしくなったときには、収入確保のために担当職員を増やしたそうです。

　ブロンクス動物園は設立当初から現在に至るまで、米国のモデルであり続けています。同園は 1899 年開園ですが、その 4 年前にニューヨーク動物学協会（1993 年に野生生物保全協会 WCS と改称）が設立され、1897 年には公園内に動物園を設置する協定を締結しました。この協定によって、必要な補助を市が行なう代わりに、動物園は無料開園日を設けています。動物の所有者は協会ですが、市が必要な支援をしなかった場合を除き、動物をすべて市外に運び出すのは禁じられています。建物は、協会が寄付などを集めて建設しますが、登録上は市の所有と扱います。開園当初の立派な建物は歴史的建築物に指定されているので、外観を維持するために市が建設費を補助することもあります（図3.9）。ニューヨーク市はこうして動物園を支えることで、世界最先端の動物園を有するに至りました。このような市と NPO・NGO の役割分担は米国ではめずらしいものではなく、博物館や美術館などで広く行なわれています。だからこそカンザスシティ動物園やブランクパーク動物園のように直営から公益慈善団体への変更や、セントルイス動物園のように直営なのに限りなく NPO・NGO に近い組織も実現しているのです。

　このような市と NPO・NGO の役割分担の背景には、米国独自の事情もあり

ます。とくに重要なのは、米国が日本よりずっと分権型の社会だということです。オマハのヘンリードーリー動物園とスコットさん、カンザスシティ動物園とヘルツベルグ家、ブルックフィールド動物園とハミル家などの関係を紹介しましたが、ブロンクス動物園の開園には第 1 章で紹介したようにセオドア・ルーズベルトが貢献しました。このように政財界の大物が、地域の動物園を支えているのが米国の特徴です。米国では、事業に成功した人物が死んだ場合、相

図3.9　1908 年に建設されたズーセンター。入口の上にはインドサイ、左右にはアジアゾウのレリーフがあり、当初は「厚皮獣館」と呼ばれていた。

続税を納める代わりに基金団体を設立することが多いのですが、この資金は公益慈善団体への寄付など公益性のある事業にしか使えません。生前から基金団体を設立する人物も多く、政府以外の公的資金が無数に存在するのです。動物園の施設リニューアルや保全研究活動が寄付や基金団体の助成で賄われる背景には、このような仕組みがあります。

　米国流の分権社会は、あらゆる形で動物園に影響しています。動物園を批判する団体から、お粗末な動物園を運営する団体まで、ありとあらゆる組織が存在するのです。

　動物園への批判という意味でも、ブロンクス動物園は最前線に立たされています。アジアゾウの高齢メスが他のメスと相性が悪くて単独飼育になったときには大規模な批判キャンペーンを展開され、現在飼育しているゾウを最後に飼育展示から撤退すると表明しました。ホッキョクグマも 2017 年に展示をやめましたが、その背景には同じ WCS が経営するセントラルパーク動物園での手痛い経験がありました。セントラルパークでは 1865 年から動物を飼育展示していましたが、ずっと市の直営であまり良い状態ではありませんでした。1981年に WCS にゆだねられ全面リニューアルしたのですが、その目玉の 1 つがホ

図3.10 セントラルパークのヒグマの展示。もとはホッキョクグマのために建設した施設。左上の岩棚にポツリと小さく写っているのがヒグマの上半身。

ッキョクグマのために工夫を凝らした展示施設でした。しかし、第2章でも紹介したようにホッキョクグマは「歩く冬眠」をするような動物ですからどうしても常同行動を解消できず、WCSは抗うつ薬の投与などあらゆる手を尽くしたうえで飼育展示から撤退しました。

そして、ホッキョクグマの施設はヒグマの展示になったのです（図3.10）。

　世界最先端の動物園を経営するWCSが苦闘する一方で、米国にはおよそ称賛できない動物展示施設も無数にあります。私は、動物保護団体との裁判に負けてトラやライオンを飼育中止した施設も訪問しました。広大な畑を見ながら田舎道を車で走っていると突然、道ばたに"ZOO"という看板が見えて、「なるほど。これがロードサイドZooか」と妙に納得したのですが、そこはウシを飼育する牧場主が趣味的に経営している施設でした。トラやライオンを飼育中止させるなら、引き取り手も必要です。そこで登場するのがサンクチュアリと呼ばれる動物保護施設で、引き取った動物を繁殖させずに天寿を全うさせます。このような活動をしている人々のなかには、飼育される野生動物は不幸なので増やすべきでないと信じる人もいます。典型的なのは、動物の権利を主張してあらゆる動物利用を忌避するヴィーガン（完全菜食主義者）です。ポップコーンパーク動物園も、イヌやネコの保護団体がいろいろな動物を引き取ることになって始めた施設で、トラやライオンといった種名ではなく、「シンバ」などの個体名と保護に至った経緯を紹介していました（図3.11）。このような施設の背景には、トラやライオン、さらにはその混血種（ライガーやタイゴン）をペットとして飼育する人も少なくないという米国独自の事情があります。

　このように米国にはピンからキリまで多様な動物園がありますが、少なくともAZAを牽引するような先進動物園は、人々から寄付を得て成り立っています。これが成立するためには、動物園が「良いこと」だと認識される必要があ

ります。しかし、サンク
チュアリの経営者や支援
者には、野生動物の飼育
そのものを批判する人が
います。とくにニューヨ
ークは注目されやすいの
で、WCS はゾウやホッ
キョクグマの飼育展示か
らの撤退を含めて対応に
追われます。一方、ロー
ドサイド Zoo は動物保

図 3.11　ポップコーンパーク動物園のライオンの運動場。数頭のトラやライオンを 1 頭ずつ、同様の運動場で飼育していた。

護団体と裁判で争ったりしながら、「良いこと」のフリをすることもあります。そのような社会だからこそ、AZA は厳しい認証基準を設定して、加盟しているのは良い施設だと保証しているのです。米国、しいては欧米の先進動物園が保全と動物福祉を重視するのは、そのような背景あればこそと言えるでしょう。

　最後に米国の飼育員事情を少し紹介します。米国は急速に発展する学歴社会で、最近は大学を出た飼育員が多くなっています。しかし、給与的には必ずしも恵まれた職種ではなく、家族を養うことはできるものの、旅行のように大きな出費をする際には注意が必要だそうです。一昔前なら大卒でキュレーターや園長になれましたが、最近は博士号などを求められることが多くなっています。そもそも米国社会では管理職になるのも "転職" の一種なので、自ら応募しなければ昇任しません。飼育員には飼育員の専門性を、キュレーターにはキュレーターの専門性を求める仕組みで、飼育現場で良い仕事をした人がキュレーターになるわけではないのです。

3.4　ドイツ語圏の動物園を巡って

　欧州の動物園経営を研究するために私が訪れたのはドイツ語圏でした。イギリスやフランスにも有名な動物園はありますが、欧州で質の高い動物園がある地域を考えたときに浮上するのはドイツ語圏、すなわちドイツ、スイス、オーストリアなのです。

　なかでもウィーン（オーストリア）のシェーンブルン動物園は、欧州の動物園を紹介した本の著者アンソニー・シェリダン（Anthony　Sheridan）が No. 1 に選んだ施設です。同園は 1752 年にオーストリア大公だったマリア・テレジアのために造られた現存する世界最古の動物園ですが、歴史的には批判も多く、たとえば動物行動学の開祖コンラート・ロレンツは著書『ソロモンの指輪』のなかで「シェーンブルンの動物園でみられるように、類人猿を一匹だけ小さな檻に監禁して飼うことは、法律で禁止すべき残酷な行為」と批判しています。長く国営だった同園の決定的な転機は、ゾウの単独飼育問題でした。2 頭いたゾウの 1 頭が亡くなった後、単独飼育を解消するための新しいゾウの導入に手間取り、動物保護団体などの激しい批判を招きました。そして、担当の科学経済大臣が「官僚主義のジャングルはもうたくさんだ」と宣言し、1991 年に国立の有限会社に経営変更して新園長を招いたのです。私が話をうかがった同園の保全研究部長は「最大の変化とチャンスは、意思決定の責任が科学経済省から園長に移行したこと」だと教えてくれました。新園長がすぐに取り組んだのは飼育動物の福祉向上で、友の会の設立などによって国営時代には皆無だった寄付が毎年 1 億円以上も寄せられるようになりました。2014 年オープンのホッキョクグマの展示は私がもっとも好きな施設の 1 つですが、建設費 13 億円のうち 10 億円を国が、残りを動物園が出しました（図 3.12）。同園の入園料は約 2100 円ですが、魅力的な動物園に生まれ変わって入園者が倍増して、収支が黒字になるというめずらしい現象が起きました。なお、入園料などを決める最高意思決定機関である役員会は、科学経済省と財務省の代表者各 1 名と国が指名する財界人 2 名の計 4 名で構成されます。

図 3.12　シェーンブルン動物園のホッキョクグマの展示。オス・メスそれぞれに自然を模した運動場がある一方、壁などの人工物は無理に隠していない。

　欧州の動物園には友の会があることが多く、これは「動物園とは別立て

で、ファンドレイジングなどで動物園を支援する組織」です。シェーンブルン動物園の友の会も約1万人と大規模ですが、3万2000人からなるドイツ最大の友の会を持つのがヴィルヘルマ動植物園（シュトゥットガルト市）です。同園の寄付は年2億円ほどで、その大半が友の会を通じて寄せ

図3.13　ヴィルヘルマ動植物園のアフリカ類人猿舎（ゴリラの屋内展示）。ゴリラとボノボだけの施設で、それぞれに複数の運動場と屋内展示場があり、人工保育のゴリラを集めて群れに入れる活動も行なっている。

られ、うち7000万円は遺贈寄付だそうです。施設建設にあたって寄付を募るキャンペーンを行ない、アフリカ類人猿舎の建設費25億円は州政府が14億円を、残りを友の会が拠出しました（図3.13）。同園は州政府の直営ですが、政府の経常補助は4.5億円と定められ、国外での保全研究活動には利用できません。このため同園では、寄付の使途は施設建設と保全研究に限定しています。なお、同園にはドイツ国内では屈指の海水水族館がありますが、ベルリン、ケルン、ライプチッヒなどドイツの大規模動物園には大なり小なり水族館があります。

　ニュルンベルク動物園（ドイツ）は魚類の展示はごく小規模ですが、イルカやマナティーの飼育で知られ、新屋島水族館（香川県）にも同園生まれのマナティーがいます。同園のイルカとマナティーの施設は建設費36億円のうち3億円を友の会の寄付で賄いましたが、大半は借金しました（図3.14）。同園は市の直営ですが、市長は入園料値上げに積極的なものの、市議会が反対するのでなかなか上げられないと副園長が教えてくれました。市長が積極的でも市議会が反対するので値上げしにくいという話は日本でも多いので、直営だと同じなのかと感じました。ただし、私が訪問した2016年には1600円だった同園の入園料は2021年現在300円ほど上がっているので、日本よりはだいぶ柔軟なのでしょう。なお、同園は広大な運動場でゾウを飼育していましたが、ドイツの冬は寒いので屋外に出せず、ゾウ舎の改修費を確保できないので2008年に

図3.14 ニュルンベルク動物園のイルカの水中展望室。この隣にはマナティーがおり、いずれも日本製のアクリルガラスを使っている。

図3.15 ドゥイスブルク動物園のイルカショー。トレーナーは1名のみで、ショーに参加するイルカも、しないイルカもいた。

飼育をやめました。イルカ飼育を継続するためにゾウ飼育を断念したとも言えます。

ドゥイスブルク動物園（ドイツ）もイルカショーで有名なのですが、これは批判の対象になることに他なりません（図3.15）。入園者の多い夏期は毎週末、動物保護団体が正面ゲート前に陣取って「動物園に行くな」と主張するそうですが、それでも同園は年間100万人の入園者と、市の補助金を確保しています。同園のキュレーターは、EAZA に加盟してハイクラスの動物園だと示すことは、政治家との関係を保ち、補助金を維持するうえで重要だと教えてくれました。なお、同園は市が72%の株を持つ公益株式会社です。公益株式会社というのは日本にも米国にも存在しない仕組みで、株主に利益の配当がない一方で、会社への寄付は税控除の対象になります。株主優待や株主総会はあって、同園の株主はいつでも無料で入園できます。同園はもともと有志が友の会を結成して開園した施設で、現在も友の会が25%の株を持ち、毎年4000万円ほどを寄付しています。米国の動物園には公益慈善団体という形のNPO・NGOが多かったように、ドイツ語圏の動物園のなかには公益株式会社という形のNPO・NGOがあるのです。

　ところで、ドイツでは飼育員がキュレーターになることはまず考えられない
そうです。ドイツでは大学に進学する人としない人で進路を完全に分けるので、
飼育員は大学に進学しない人の職種、キュレーターは修士や博士といった学位
のある人の職種と分断されているのです。なお、学位を取った人がキュレータ
ーになる前に科学アシスタントといった動物園の職に就くこともあります。

　チューリッヒ動物園（スイス）は前述のシェリダンのランキングでは欧州
No. 3 ですが、なぜ No. 1 でないのか不思議なくらい先進的な施設です。じつ
は、シェリダンのランキングは入園者数の配点が高いので人口の多い地域の動
物園が有利で、「教育と保全」に限ればチューリッヒが No. 1 なのです。私は、
25 年以上にわたって同園を率いたアレックス・リューベル園長に話をうかが
うことができました。以前は協会方式だった同園は、1999 年に公益株式会社
に変更して市と州が 25% の株を持ち、残りを一般株主に販売できる形にしま
した。古くから公益株式会社でやっている動物園は、株が年間パスポートにな
って新規の株は発行しないようですが、同園の株は年 1 回動物園に入れるだけ
で必要に応じて新規発行して施設建設などの資金を調達できます。園長の指名
や入園料の改定を行なうのは株式会社の取締役会で、市や州の議員や動物学者
の他に、弁護士やマーケティング専門家がいて、代表取締役はビジネスマンで
す。市と州の補助額は年 7 億円ですが、保全や研究には使えないので、そこは
寄付で賄っています。

　同園を世界的に有名にしたのは、48 億円を投じたマソアラ熱帯雨林（2003
年オープン）と 54 億円を投じたケーンクラチャン象公園（2014 年オープン）
ですが、建設費はすべて寄付で賄いました（図 3.16）。巨額の寄付の大半は遺
贈寄付です。米国と違って、欧州では生前に巨額の寄付をできる富豪は少ない
ので、遺産の一部を動物園に寄付する遺言書を用意してもらうのです。このた
め、同園は遺言書に関わる仕事をしている人を動物園の「アンバサダー」に指
名していますが、なにより重要なのは第 2 章でも紹介した園長自身の知名度と
信頼だそうです。遺贈予定者には老後やお墓への配慮も含めて丁寧にコミュニ
ケーションして、寄付は動物の飼育施設や保全研究活動など「動物のため」に
使うと約束します。ファンドレイジングの担当はマーケティング＆教育部門で、
大人向けの限定ガイドツアーなどに併せて動物園の将来計画を PR します。こ
のような努力の結果、同園は毎年 8 億円、多い年には 30 億円もの寄付を集め

図3.16 チューリッヒ動物園のマソアラ熱帯雨林。併設のレストランから見た風景。

られるようになったのです。これほど多くの資金を集められるにもかかわらず、同園はホッキョクグマの飼育を中止しました。山の上にあるので水が少ないことと、世界最高の展示造りにこだわる同園の方針による判断とのことです。

私がドイツ語圏に行ったのは2回だけですが、20の動物園を訪れ、うち8園で話を聞くことができて実りの多い旅になりました。なによりも、ドイツ語圏の動物園はどこもさまざまな工夫に取り組んでいたので飽きることがありませんでした。米国でも働いたというドイツの動物園長が言っていたのですが、米国の動物園はどこも似ている一方、ドイツの動物園はそれぞれのポリシーがあってバラエティが豊かだそうです。第2章で日本の動物園展示の課題としてシステム化を取り上げましたが、その対極がドイツ語圏かもしれません。

3.5 日米独の動物園比較

米国やドイツ語圏の動物園でとくに印象に残ったのは、ゴリラやオランウータン、ゾウなどの群れに複数の子どもがいて遊び回る姿の圧倒的な魅力です（図3.17）。シェリダンは欧州の多くの動物園で一番人気はゾウで、平均5-6頭を飼育していると述べています。群れで飼育して順調に繁殖すればあたりまえなのですが、日本でそれだけのゾウやゴリラ、オランウータンがいる動物園はいくつあるでしょうか。日本で繁殖に苦労しているゴリラやオランウータンが10-20頭もいる光景には、蓄積の差を痛感させられました。

そこには繁殖に取り組んだ年代の違いや技術的な蓄積の差もありますが、根底にあるのは動物園のあり方自体の違い、すなわち経営哲学や仕組みです。こ

こで注目すべきは、園長
の選任や入園料の改定、
施設リニューアルなどの
意思決定で、園長の権限
で行なう「マネジメン
ト」に対して、園長の権
限を超えた意思決定を
「ガバナンス」と呼びま
す。そのガバナンスを大
きく左右するのが歳入構

図3.17 ハノーファー動物園（ドイツ）のアジアゾウ。複数の子どもが遊び回る姿は見ていて飽きることがない。

造です。だれが動物園のためにお金を出しているかによって意思決定の仕組み
が決まるのは、言ってしまえば当然です。重要なのは、米国にもドイツ語圏に
も比較的最近、経営変更した事例があったことで、いずれも寄付を集めること
を念頭にNPO・NGOにしていました。歳入構造の転換を念頭にガバナンスの
仕組みを変えたわけで、その典型がカンザスシティ動物園やシェーンブルン動
物園でした。

　話を聞いたすべての園が施設リニューアルに寄付を投入しており、建設計画
をPRして寄付を集めるキャンペーン型のファンドレイジングをごく普通に行
なっていました。これは施設リニューアルの考え方を大きく変えます。税金だ
けで施設を造る場合、どれだけ予算を確保できるかが鍵で「予算の天井」のな
かでなんとかする努力が必要です。一方、キャンペーン型ファンドレイジング
を行なう場合、魅力的な計画を発表しなければ寄付が集まらないので、問われ
るのはいわば「魅力の下限」です。つまり、施設リニューアルの制約条件が
「予算の天井」から「魅力の下限」に一変するのです。ただし、キャンペーン
型ファンドレイジングには、施設の完成時期が見通しづらくなるといった課題
もあり、どのような手順で税金と寄付をミックスして施設建設を実現するかは
むずかしい問題です。

　寄付とメンバーシップ制度を組み合わせる仕組みは米国の博物館業界で一般
的で、コトラーの『ミュージアム・マーケティング』などでくわしく紹介され
ています。これは、第2章で紹介したドナーピラミッド構築の手法で、欧州で
以前から寄付を集めてきた友の会と似た側面があります。

　ヒアリングを行なった米国とドイツ語圏の動物園の年間入園者数などを、日本と比較したのが表3.1です。年間入園者数は大差ない一方、経常経費は米国の37億円に対し、日本は14億円しかありません。入園者あたりの経費では、米国は日本の3倍近く、ドイツ語圏も2倍近いのです。一方、米国やドイツ語圏の入園料は、日本の3倍を超えています。日本の動物園は市民から見て「安かろう、悪かろう」という状態なのです。入園料収入も大きな差があり、「入園料収入／経常経費」ではドイツ語圏が71％と高く、米国は31％と低めです。一方、役所の経常補助は、米国が11億円と日本より多額です。ところが「経常補助／経常経費」では米国の28％に対し、日本が54％と最大です。日本の動物園は役所から見て「質の割に負担が大きい」のです。これを裏づけるのが「その他収入／経常経費」で日本は3％ともっとも小さく、資金調達力が弱いことは明らかです。しかし、動物園側から見ると日本は人件費比率ももっとも小さいのです。入園者あたり正規飼育員の数で日本は米国やドイツ語圏の半分程度ですが、その少ない飼育員で手づくりサインやガイドなどの入園者対応もするなど明らかに無理をしています。資金調達力が弱いのも当然で、米国のように資金調達の専門職員を雇用したり、ドイツ語圏のように友の会などと連携

表3.1　米国、ドイツ語圏、日本の動物園比較。(科研費報告書「日米独の動物園経営組織に関する研究」表3より一部抜粋)

		米国 (6園)	ドイツ語圏 (7園)	日本 (6園)
年間入園者数（万人）	a	191	163	197
経常経費（億円）	b	37	20	14
入園者あたりの経費	b/a	20	13	7.2
人件費（億円）	c	21	11	6.1
人件費比率	c/b	55%	53%	43%
入園料、1日パス（円）		2000	2200	570
入園料収入（億円）	d	12	15	6.0
入園料収入／経常経費	d/b	31%	71%	42%
経常補助（億円）	e	11	3.5	7.7
経常補助／経常経費	e/b	28%	17%	54%
その他収入／経常経費		41%	12%	3%
正規の飼育員（人）	f	76.0	66.4	43.7
パート飼育員（人）	g	1.0	3.3	8.5
飼育員計（人）	f+g	77.0	69.8	52.2
入園者あたり正規飼育員	f/a	0.40	0.41	0.22
入園者あたり飼育員計	(f+g)/a	0.40	0.43	0.27

して資金調達する仕組みが日本にはありません。日本の現状は動物園にとって
「制度上、改善が困難」なのです。これが第 2 章でお伝えした、日本の動物園
は市民・役所・動物園の 3 者とも不満足な状態に陥っているという話の根拠で
す。

　いったいなぜ、これほどの差が生じたのでしょうか。歴史的な展開は第 4 章
で紹介しますが、現状での明らかな違いとして、欧米では経営団体（法人であ
れ直営であれ動物園を経営する団体）が動物を所有しており、園長の在職期間
が長いことがあげられます。

　動物の所有権は根本的に重要で、直営の動物園を法人経営に変更したときに
動物の所有権が法人に移行するのは欧米ではあたりまえなのですが、日本では
地方独立行政法人くらいしか起こりそうにありません。法人経営の動物園では、
動物を飼育し、動物園間で交換する能力は法人にしかないので、役所が形だけ
の所有権を維持することに積極的な意味はほとんどありません。あえて言えば
役所と法人のどちらが信頼できるかという問題で、欧米では動物学協会の元祖
であるロンドン動物園以来、動物園を造る費用を寄付した人々が法人の動物所
有を望むという伝統が受け継がれてきたのです。法人が動物を所有しているこ
とは、日本の指定管理者制度のように定期的な管理者の選定はありえないこと
を意味します。日本の指定管理者制度は、世界の動物園から見れば非常識な仕
組みなのです。

　この背景には「公」とはなにかという話があります。私たち日本人は「公」
とは国や自治体など政府のことだと思い込んでいないでしょうか。しかし、
「公」とはそもそも「私」に対する全体を示すものです。人間社会の歴史を考
えれば、国ができる前から「公」の役割を果たしてきたのは村などの共同体で、
人々が力を合わせてみんなの役に立つことをするのは普通のことでした。とこ
ろが、現代日本で生まれ育った私たちは、政府以外の「公」を意識しづらくな
っています。日本人にもわかりやすい政府以外の「公」の典型例としては日本
赤十字社、日本財団、WWF ジャパンなどがあげられますが、もう少し幅広く
言えば公益財団法人や公益社団法人、それに NPO 法人（特定非営利活動法
人）などは、政府以外の「公」を担う NPO・NGO の仕組みです。

　米国の公益慈善団体やドイツ語圏の公益株式会社もそういった文脈で理解で
きますが、残念ながら日本には同様の仕組みがありません。あらためて欧米の

動物園の特徴をあげると、①動物園の土地は政府の所有で補助金が出ているが、②動物は動物園の経営団体が所有していて、③施設建設は経営団体が主導してキャンペーン型ファンドレイジングを行ない、④寄付した人は税控除を受けられるといった特徴がありました。これは、政府が関与しても主導権は握らないNPO・NGOの形で、それを支えるのは税金と寄付をミックスして使う仕組みでした。これは「アームズ・レングス原則」と呼ばれる問題で、動物園に限らず、日本では税金と寄付金をミックスしながら、政府が関与しても主導権を握らないというNPO・NGOの仕組みそのものが未熟と考えられます。実際、日本でNPO・NGOの仕組みが発達し始めたのは、1998年のNPO法（特定非営利活動促進法）以降のことです。第5章であらためて説明しますが、税金ですべてを支えるのは無理だと考えたとき、これは大きな問題です。

　米国とドイツ語圏の動物園を念頭に、入園料や駐車料などの利用者負担と、補助金などの政府の資金、それに寄付などの善意の資金の使い分けについて、ざっくり模式図にまとめました（図3.18）。まず、利用者負担では経常経費を賄えないほうがあたりまえなので、ここに政府の資金も入っていました。そうなると、施設建設などの投資的経費は政府の資金と善意の資金を使うしかないので、キャンペーン型ファンドレイジングも行なわれていました。そして、国外の保全研究活動には自治体の税金を充てるのは不適切だと考えられており、そこは善意の資金で賄っていました。このように整理すると、日本の動物園の展示施設がイマイチなのも、保全研究活動が低調なのも、善意の資金を集める力が弱いのが原因で、その結果、技術も蓄積できなかったと考えられます。

　欧米の園長の在職期間が長いのも、これを受けた側面があります。シェリダンは、園長が「動物園での経験の長さと適切な教育的バックグラウンドだけで保証された人物によって占められた時代は遠い過去」と述べ、その要因を「動物園を現代的な基準に持っていくための巨額の投資の必要性」としています。

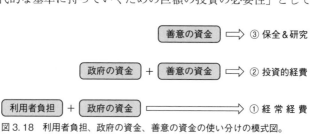

図3.18　利用者負担、政府の資金、善意の資金の使い分けの模式図。

浅倉繁春さんも、欧米の園長は「自薦他薦の多くの候補者のうち比較的若い人材が登用される」「少なくとも定年まで 15 年以上勤務できるように選定」と説明しています。50 代の人間を差し置いて 40 代の人間を選ぶのですから、長期間任せるメリットがデメリットを上回らなくてはなりません。具体的には長期的なリニューアル計画とキャンペーン型ファンドレイジングの展開、それにファンドレイジングの基盤となる地域の人的ネットワーク構築といった要素が重要と理解できます。

　米国やドイツ語圏の動物園経営を見てあらためて感じるのは、欧米の先進動物園は寄付などの善意の資金を集めることを前提に成立しており、そこには動物園が「良いこと」だという認識が必要なことです。第 1 章で見たように、動物園はいわば「志の高い野生動物展示施設」というブランドなのですが、寄付を集めることが重要だからこそ、そのような意識が高まるとも言えます。ロンドンに動物学協会が経営する動物園が生まれたときから、欧米の先進動物園の精神的な骨格はここにあり、これが保全や動物福祉への原動力にもなってきました。第 4 章では、世界と日本の動物園の歴史を振り返り、このような差が生じた背景を説明します。

3.6　第 3 章のまとめ

1. 日本の動物園と欧米の先進動物園の間には大きな格差がある。現状だけでなく成長速度が違うことは重要で、格差は年々拡大している可能性がある。オマハ市のヘンリードーリー動物園は、設立当時は市の直営だったが 1952 年に動物学協会方式に変更し、市の補助金を受けながら寄付を集めることで大きく発展した。同園の園長や教育キュレーターは寄付や事業収入を得るために尽力している。

2. 米国の動物園は、直営から公益慈善団体への経営変更が進んでおり、直営のままでも NPO・NGO 的に活動している。寄付を調達しながら税金も合わせて施設リニューアルすることもある。一方、自治体の税金は国外での保全研究活動には使えないので、寄付などの資金調達に力を入れている。

3. ブロンクス動物園を経営する野生生物保全協会 WCS は保全のための経費割合において別格で、58 人もの資金調達部門が 70 億円もの資金を調達し

ている。米国は分権型の社会で、政財界の大物が個人として地域の動物園を支えている一方、動物園を批判する団体や粗末な動物園を運営する団体や個人も存在する。

4. 欧州ではドイツ語圏の動物園の質が高い。シェーンブルン動物園は国営だったときは批判されていたが、国立有限会社に経営変更して欧州 No. 1 にランキングされるほどになった。欧州の動物園では友の会からの寄付が多い。ゾウやイルカ、ホッキョクグマの飼育には気を遣っており、飼育をやめる園もある。日本や米国にはない公益株式会社という仕組みの動物園もある。

5. 米国でもドイツ語圏でも NPO・NGO への経営変更が進んでおり、建設計画を PR して寄付を募るキャンペーン型ファンドレイジングが行なわれている。両地域に比べて日本の動物園は、市民にとって「安かろう、悪かろう」、役所にとって「質の割に負担が大きい」、動物園にとって「制度上、改善が困難」と 3 者とも不満足な状態に陥っている。この改善には、税金と寄付をミックスして使う NPO・NGO の仕組みが求められる。

4 動物園の歴史

4.1 世界初の近代動物園とドイツ語圏・米国の動物園

　第3章では、欧米の先進動物園に匹敵するような日本の動物園が存在せず、その背景にはNPO・NGOの仕組みといった社会の違いもあることを確認しました。この章では、そのような違いが生み出された経緯を確認するために、欧米の先進動物園と日本の動物園の歴史を比べながら紹介します。この際、とくに注目したいのは時代の転換を担った人物です。

　動物園の歴史は古代まで遡るという話もありますが、第1章で述べた「だれもが（お金を払えば）、いつでも（開園日なら）利用できる、世界中の生きた（野生）動物を、開放的な空間で見られる施設」ができたのは、それほど昔ではありません。世界初の近代動物園の候補は3つあると言われます。1つは第3章で紹介したウィーンのシェーンブルン動物園で1752年にできました。次が1793年にパリにできたフランス国立自然史博物館附属動植物園ジャルダン・デ・プラントで、3つめが1828年にできたロンドン動物園です。候補が3つもあるのは、なにを動物園と考えるかによって答えが変わるからです。

　もう少し前から話をすると、欧州では中世から王侯貴族が野生動物を集めてメナジェリーを造っていました。英国ではロンドン塔でライオンを飼育し、イタリアのメディチ家もライオンやキリン、ゾウを飼育しています。なかでも有名なのがフランスの太陽王ルイ14世が1663年に大改修したヴェルサイユのメナジェリーで、中央の建物からぐるりと動物を見回すように造られました。これを真似たのがシェーンブルン動物園で、今でも動物の展示に囲まれたパビリオンが残っています（図4.1）。ただし、これらのメナジェリーは王侯貴族と客人のもので「だれもが、いつでも利用できる」施設ではありません。そのなかでシェーンブルン動物園は1779年に一般公開したと言われますが、対象は上品な服装をした人に限られたそうです。当時のオーストリアは封建制で農民

86

図4.1　シェーンブルン動物園のパビリオン。建設当時は女帝マリア・テレジアや家族が食事した建物は、現在はだれもが使えるレストランになっている。

が自由に移動できる社会ではなかったはずなので、「だれもが、いつでも利用できる」施設はそもそも成立しません。同園が普通の動物園になったのはもっと後のことで「現存する最古の動物園」と理解すべきでしょう。

　一方、ヴェルサイユのメナジェリーはフランス革命で大きな転機を迎えました。混乱のなかで飼育動物の大半は死んでしまったのですが、1793年に共和国政府が国立自然史博物館を組織し、附属植物園ジャルダン・デ・プラントの一角に動物を移したのです。このために奔走したのがジャン＝バティスト・ラマルクで、自然界の物を集めて記録する博物学の分野でフランスが世界をリードするために、博物館に動植物園を附属させることを主張しました。ラマルクは独自の進化論を提唱した人物ですが、この博物館では博物学・比較解剖学・古生物学の大家であるジョルジュ・キュヴィエも活躍しました。かくしてジャルダン・デ・プラントのなかにメナジェリーが造られて現在に至ります。こちらは「だれもが、いつでも利用できる」施設だったと考えられ、世界初の近代動物園はフランス革命によって「市民」が誕生したことで生まれたとも言えます。

　このフランスの国立自然史博物館と附属メナジェリーに刺激を受けたのが英国の人々、とくにトーマス・スタンフォード・ラッフルズでした。シンガポールの創設者で、世界最大の花「ラフレシア」の発見者として有名なラッフルズは、動物学にも強い関心を寄せ、有志による協会によってパリのメナジェリー以上の施設を造ろうと考えました。そして1825年にロンドン動物学協会を設立し、翌年には博物館が、1828年には動物園がオープンしました。これがNPO・NGOとして設立された初の動物園で、政府が動かなくても動物園を開設できるこの方式が欧州各地に広がります。1831年にダブリン（アイルランド）、1838年にアムステルダム（オランダ）、1843年にアントワープ（ベルギ

ー）と相次いで動物園がオープンしたのです。ただし、ロンドン動物園は原則として協会員の紹介状が必要な施設でしたので、「だれもが、いつでも利用できる」わけではありませんでした。紆余曲折を経て人気のある施設となり、「Zoo」の愛称で呼ばれるようになったのは少し後の話です。なお、動物園開設に尽力した動物学を重視する人々はこの間に主導権を失い、博物館は1855年に閉鎖され、所蔵していた標本はロンドン自然史博物館に受け継がれています。

　このように世界の動物園史を見ると、王侯貴族のメナジェリーとして誕生して現代に至ったシェーンブルン動物園、フランス革命によって市民に開かれた動物園として誕生したパリのジャルダン・デ・プラント、NPO・NGOとして開設され先進動物園のモデルになったロンドン動物園の3つがあげられるのです。なお、欧州には古くから民営の移動メナジェリーなどもありましたが、およそ「志の高い野生動物展示施設」とは言えません。

　世界初の近代動物園と同様に、その後の動物園界を牽引した動物園も3つあげられます。ロンドン動物園、ブロンクス動物園、そしてベルリン動物園（ドイツ）の3園で、飼育動物の種類などを競ったのですが、これらはいずれもNPO・NGOの動物園です。このうちベルリン動物園は、博物学者・地理学者・探検家として人気のあったアレクサンダー・フォン・フンボルトの支援を受け、プロイセン王フリードリヒ・ヴィルヘルム4世の勅許と資金も得て1844年に開園しました（図4.2）。なお、日本でもおなじみのフンボルトペンギンの名前は、アレクサンダー・フォン・フンボルトに由来します。

　ドイツ語圏には各地に一流の動物園がありますが、ここには彼らのプライドも関わっているように思えます。ロンドンに世界中の歴史的宝物を集めた大英博物館があり、パリに一流の美術品を集

図4.2　ベルリン動物園の「象門」。現在は公益株式会社の経営で、株主にはベルリン特別市が含まれる。

めたルーブル美術館があるように、ベルリンには世界中の動物を集めたベルリン動物園があり、ドイツ各地の動物園で動物学者をはじめとする多くの人が試行錯誤を積み重ねてきました。第3章でイルカのショーをしているドゥイスブルク動物園を紹介しましたが、同園はかなり異色の試行錯誤をしています。第二次世界大戦以降の悲喜こもごものドラマは『東西ベルリン動物園大戦争』にくわしく紹介されていますので、ここではそれ以前の話を紹介します。

　1907年にハンブルク（ドイツ）にできたハーゲンベック動物園はさまざまな意味で革命的でした。それまでの動物園は博物学を重視し、分類にこだわる傾向がありましたが、動物商の元祖とも言えるカール・ハーゲンベック（Carl Hagenbeck）は分類にこだわらずに、手前からフラミンゴ、シマウマやダチョウ、ライオン、バーバリーシープと4つの展示が並んで見えるパノラマ展示を造りました（図4.3）。ハーゲンベック自身は生息地にもあまりこだわらなかったのですが、このアイデアはミュンヘン動物園（ドイツ）によってアジア、アフリカなどのエリアに分ける動物地理学的配置につながりました。なお、日本では多摩動物公園が動物地理学的配置を取り入れています。さらに影響が大きかったのは、モート（堀）を使った無柵放養式の展示と、それによって複数の展示を並べて見せるパノラマ展示のアイデアです。これが可能になったのはコンクリートという当時の新素材と、ハーゲンベックがライオンなどのサーカスを行なっており、ジャンプできる距離を実験できたためです。動物園が完成した後もハーゲンベック一家は動物商とサーカスを続けており、日本の動物園にも大きな影響を与えました。とくに1937年にできた名古屋市東山動物園は、展示デザインなどでハーゲンベック商会のアドバイスを受けています。

　米国では少し遅れて1874年開

図4.3　ハーゲンベック動物園を代表するパノラマ展示。1907年の開園以来の施設。

園のフィラデルフィア動
物園が「アメリカ最初の
動物園」を名乗っていま
す（図 4.4）。遅くなっ
た 1 つの要因は奴隷解放
で有名なリンカーン大統
領時代の南北戦争（1861-
1865 年）で、フィラデ
ルフィアでは 1859 年に
動物学協会が動き出した
ものの、開園までに 15

図 4.4　フィラデルフィア動物園。市街地にある古い動物園なので手狭な敷地を有効活用する「Zoo360」という取り組みに力を入れている。

年もかかったのです。それ以前の米国にあったのはサーカスに伴う移動動物園と、公園に粗末な檻を並べただけの野生動物展示施設で、いずれもメナジェリーと呼ばれます。サーカスは米国で大きく発達し、野生動物のショー（トレーニング技術を含む）や取り引きにも関連したので、動物園の歴史と密接に関わっています。ただし、環境保全が問題になったころから動物園はサーカスとは別の高みを目指して進んだので、両者の関係は時代とともに希薄になります。

　1891 年にできたスミソニアン国立動物園（ワシントン D.C.）のきっかけをつくったのがウィリアム・ホーナデイ（William Hornaday）でした。スミソニアン国立自然史博物館の剥製製作責任者として野生動物を狩っていた彼は、北米の野生動物の急激な減少に気づき、動物を保全するために動物園を造ることを主張しました。19 世紀のことですから、野生動物の保全という主張自体がきわめて新しいものでした。動物園の建設にこぎつけたホーナデイですが、その思いは十分に反映されず、彼はワシントンを去ります。

　そのホーナデイを迎え入れたのが、セオドア・ルーズベルトらが組織したニューヨーク動物学協会です。かくしてホーナデイは 1899 年にブロンクス動物園の初代園長となり、アメリカバイソンの個体数回復に貢献しました。その後、ブロンクス動物園は世界をリードする動物園となり、4 つの目的論や保全といった思想と活動を牽引します。

　ただし、当時は人間にとっても類人猿などの動物にとっても、結核が命に関わる重大な病気だった時代です。ゴリラなどの貴重な動物を飼育する動物園に

とって、動物たちを来園者が持ち込む病原菌から守ることは重要で、ロンドン動物園が 1920 年代に類人猿の展示施設にガラスとエアコンを導入したのも感染防止のためです。このような姿勢から、消毒しやすいコンクリートやタイル張りの展示施設が世界中に造られました。「消毒の時代」「衛生の時代」とも呼ばれるモダニズム（近代主義）の思想です。環境エンリッチメントが当然になった現代から見れば正反対ですが、当時の考え方を反映した施設が今も各地に残っていて、霊長類やクマなどの知能の高い動物には退屈で問題行動が発生しやすく、ゾウやペンギンのように脚の病気を発生させやすい動物には寿命にも関わるため、リニューアルの必要に迫られています。

　欧米の近代動物園はこのように動き出しました。次節では、それが日本に伝わり、独自の道を歩み始めたことを紹介します。

4.2　日本の動物園のはじまりと動物園ブーム

　王侯貴族のメナジェリーがあたりまえのようにあった欧州と異なり、江戸時代までの日本には野生動物の飼育に熱心な天皇や将軍は皆無でした。例外的に江戸幕府の 8 代将軍・徳川吉宗は 1728 年に東南アジアからゾウを購入し、長崎から江戸に連れてきました。このゾウは京都で天皇に謁見して官位までもらったそうですが、幕府は 2 年後には民間に払い下げようとします。けっきょく、このゾウは 1741 年に飼育員の死亡事故もあって払い下げられ、見世物小屋が建設されました。将軍が購入して天皇に謁見したゾウの飼育継続を早々に放棄した姿勢は、欧州とは対照的です。

　石田戢さんは動物園の源流にある日欧の文化的な差として「野生動物を収集・飼育する執念の強さ」「神や宗教との緊張関係から動物を探求する姿勢」「動物飼育と切り離せない有畜農業」の 3 つをあげています。私が思うに、この 3 つの背景にあるのは家畜を殺して食べるという社会です。旧約聖書の「神」は、ヒツジやウシといった家畜を育てて殺して食べることを認める一方、殺人を罪とする存在なのです。さらにキリスト教はブタも食べて良いと認めました。だからこそ神や宗教の存在が社会の基盤になり、学問の中心も「神学」でしたが、ルネッサンス以降はそこから離れて科学を探究したので、神や宗教との緊張関係が生まれました。野生動物を収集・飼育する執念の強さはエジプ

トやギリシャ・ローマ以来の伝統もありそうですが、動植物を収集する近代の
博物学は神の意図を自然のなかに見出そうとするところから始まりました。

　一方、日本では動物を殺して食べることは穢れとされ、江戸時代にはウマや
ウシの皮をなめすといった動物の死体処理は穢多などの賤民の役割とされまし
た。石田さんによれば見世物小屋での動物飼育も賤民の仕事だったようです。
この歴史は被差別部落の解放運動にも関連し、部落出身者を公務員に雇用して
動物園で働いてもらうこともありました。今ではすっかり様変わりしましたが、
1970 年ごろに動物園に勤務していた人が「動物園勤務だと言うと部落出身者
とまちがえられるので隠している」と言っていたそうです。

　江戸時代には花鳥茶屋など多様な見世物小屋があり、長崎経由でさまざまな
動物（とくに鳥類）を輸入しましたが、近代動物園と明らかに異なるのは「病
気にかかりにくくなる」といった御利益を売り文句にしていたことです。これ
が明治時代になると御利益をうたわない"教育的"な施設が現れて「教育動植
物苑」「教育水族館」と名乗ります。

　このように江戸時代までの日本には、近代動物園の前身と言える施設はあり
ませんでした。動物園は欧米からの輸入文化で、まず欧州に「動物園」がある
と紹介したのが福沢諭吉です。1862 年に幕府はロンドン万博に合わせて使節
団を派遣し、福沢はその一員としてロンドン動物園やジャルダン・デ・プラン
ト（パリ）などを訪問して 1866 年に『西洋事情』を出版しました。この際、
福沢以外の使節団のメンバーは「禽獣園」などの表現も使いましたが、福沢が
使った「動物園」という言葉が定着したのです。

　「動物園」という言葉が特定の施設を指す固有名詞だった時代もあります。
1882 年にできた上野の「博物館附属動物園」がそれで、当時は博物館も動物
園も 1 つしかなかったので、これが正式名称でした。日本の動物園の歴史はこ
の年に始まったのですが、じつはその時点ですでに欧米に比肩する先進施設に
なりえないことは確定的でした。

　そこまでの経緯を簡単に紹介しましょう。ロンドン万博に刺激を受けた幕府
は、次のパリ万博に使節団を派遣して出品しました。この際にジャルダン・
デ・プラントに感銘を受けた田中芳男は、同様の博物館附属動植物園を日本に
実現するために奔走します。1872 年、明治政府はウィーン万博への出品予定
品を湯島聖堂（東京都文京区）に設けた文部省博物館で展示し、オオサンショ

ウウオやカメの飼育展示もしています。翌年、博物館は現在の日比谷公園（東京都千代田区）付近に移転します。内山下町博物館などと呼ばれ、クマなども飼育しました。これが 1875 年に内務省に移管され、1881 年には農商務省の所管となって、翌年開園したのが博物館（現在の東京国立博物館）と附属動物園（現在の上野動物園）です。これが 1886 年には宮内省に移管されたのですが、これは当時の政治に翻弄された結果で、動物園を含めた自然史部門にとっては悲劇的な展開でした。

　最初に鍵を握ったのは大久保利通です。明治政府で一番の実力者だった大久保は、万博の日本版である内国勧業博覧会の開催を狙っていました。一方、博物館は上野への移転を希望しましたが、文部省はここに大学病院の建設を考えていました。文部省では博物館より大学のほうが強いので、逆転のために博物館は大久保の内務省に移ります。かくして、1877 年に上野で第 1 回内国勧業博覧会が開催され、その跡地に博物館が移ることになりました。このとき、博物館で主導権を握ったのは、廃仏毀釈（はいぶつきしゃく）の嵐のなかで文化財保護に尽力した町田久成でした。ところが、1878 年に大久保が暗殺されたために内務省は分割され、博物館は農商務省に移ります。当時の明治政府は、西郷隆盛との西南戦争で極度の財政難にあり、増税や官営企業の払い下げなどのやりくりに四苦八苦していました。博物館の移転はそんななかで行なわれ、動物園は従来の施設を移設するのが精一杯でした。自然史部門は博物館のお荷物扱いされ、田中が目指した博物館附属動植物園は夢と消えたのです。開園 4 年後に博物館と動物園、それに上野公園が宮内省に移管されたのも、憲法公布に先立って皇室財産を確保するために岩倉具視と伊藤博文が企図したもので、重視されたのは文化財でした。こうして誕生した帝国博物館の総長になった九鬼隆一も古美術に熱心で、日本美術の保護で知られる岡倉天心と懇意でした。

　この間の変化を象徴するのが、1875 年にウィーン万博使節団の副総裁だった佐野常民が出した意見書と、1889 年に九鬼隆一が記した帝国博物館の構想の差です。佐野の意見書には、博物館の周囲を公園にして動物園と植物園を造り「ここに遊ぶものをして、その精神を養ふのみならず、眼目の教えを亨（う）け、識（し）らず知らず開知の域に進み」とあります。博物館附属動植物園はレクリエーションと教育に資するものとして、田中の上司である佐野に採用されていたのです。ところが、九鬼の構想は古美術品のために「勉めて費用を節し人員を減

じ必要事業の拡張を期する」ために自然部門は「将来　悉く文部省に引き渡」す一方、動物園は「毎年収入金の多きもの」で「大に本館の経費を助くる」として、動物園を財源と見なす姿勢を鮮明にしています。宮内省時代の上野動物園を待ち受けていたのは、経費は最低限に抑えられ、収入は博物館に吸い上げられるという扱いだったのです。

　そのようななかで動物園のために尽力したのが、1900 年に東京大学教授と兼任で動物園監督になった動物学者・石川千代松でした。園長は英語でディレクター（director）なので、「監督」と訳しても不思議はありません。石川は実質的な上野動物園の初代園長なのですが、逆に言えば開園から 18 年間は園長がいなかったのです。ドイツに留学したこともある石川は、ハーゲンベックと手紙をやりとりしてライオンやホッキョクグマ、そして 1907 年にはキリンを購入します。この際、英語でジラフ（giraffe）と呼ばれていた動物に、東洋の霊獣である麒麟の名をかぶせる一幕もありましたが、問題になったのは石川が宮内省にきちんと相談せずに購入を決めて、経理上の手続きを後回しにしたことです。結果、新年度予算で購入するはずのキリンが 4 月になる前に到着してしまいました。独断で次年度の予算を使い込んだ以上、行政的には不適正経理です。これで石川は辞任に追い込まれたのですが、より重要なのは後任が置かれなかったことで、動物学者が上野動物園の経営を担った期間はわずか 8 年で終わりました。この顛末は、動物園を良くしようとした動物学者の努力が、文化財偏重の博物館と官僚主義によって排除されたと理解できます。

　1903 年に国内 2 番目に開園した京都市動物園は少し特殊で、皇太子（後の大正天皇）御成婚を祝して京都市民が多額の寄付を京都市に行なったことを受け、なにを造るか検討して動物園にしました。この背景には、上野動物園が皇室のものだった事情が働いたはずで、実際に多くの動物が下賜されています。1934 年に同園の園長に任命されたのが動物学者の川村多實二です。京都大学教授であった川村は 1926 年に日本初の動物園論『動物園と水族館』を書きましたが、これはなかなかに手厳しい内容でした。川村は、日本の動物園は外国に比べて「大に遜色あり」と主張し、その要因を「経費が出せないのではなくて出さない」こととして大規模な拡張を求めました。この際、川村は欧州の動物学協会方式にも言及しています。そんな川村が園長になったのですが、彼が 7 カ月の欧州歴訪から戻ると彼を園長にした市長は辞任しており、川村も就

任翌年に辞めてしまいました。

　それでも、京都市動物園は日本の動物園史で異彩を放つ存在であり続けているのですが、その一因は同園が公園の財源と扱われなかったことでしょう。逆に言えば、他の動物園は公園の財源だったのです。1915年、国内3番目にできた大阪市の天王寺動物園は明らかにその事例で、1919年開園の甲府市の遊亀公園附属動物園、1926年開園の小諸市動物園（懐古園）も同様と考えられます。この原因は1873年に明治政府が出した公園に関する太政官布達（現在の法律に相当）で、公園の維持管理費は園内の事業者から土地使用料を徴収して独立採算すべきとされたことです。収入不足の明治政府らしい方針ですが、これが1956年に都市公園法ができるまで続きました。この他、1918年には名古屋市が鶴舞公園附属動物園を開園しましたが、これは1890年にできた民営の浪越教育動植物苑から動物を譲り受けたものです。同様に1899年にできた民営の安藤動物園は、1931年に豊橋市に寄付されて現在の豊橋総合動植物公園のもとになりました。

　他の都市同様に公園の財源として動物園をほしがった東京市は、上野公園がお荷物だった宮内省と交渉して、上野公園とセットで上野動物園をもらうことになりました。その矢先に関東大震災が起き、復興に向けた明るいニュースとして皇太子（後の昭和天皇）御成婚を記念する形で1924年に下賜が実現しました。なお、自然史部門は震災の後に廃止され、所蔵していた標本は文部省が別にやっていた博物館（現在の国立科学博物館）に移譲されて今に至ります。

図4.5　上野動物園のサル山。1932年に完成し、現在もほぼ当時の姿を留めている。（2003年撮影）

上野動物園を得た東京市は、公園行政の財源拡充を狙って動物園をリニューアルしました。有名なサル山はこのときにできた施設で、動物病院も建設されました（図4.5）。この際、動物園を所管した東京市公園課長の井下清は1年の欧米視察を行なったのですが、上野動

物園は安い入園料で独立採算しているので「たんに鳥獣等の飼養所」となって
いて、ロンドン動物園が研究者を雇っているのは「羨望に堪えぬ」と嘆いてい
ます。そう思うなら税金を投入して動物園を充実させてほしいところですが、
それはできないのが当時の公園行政でした。

　そんな動物園経営を“改善”させたのがチンパンジーやゾウのショーです。
なかでも天王寺動物園のチンパンジー「リタ嬢」が有名で、1934 年には 250
万人の入園者を記録し、経費の 2.5 倍もの収入を得ました。この入園者数は同
園史上最高で、上野以外が日本一だった最後の年でもあります。一方の上野も
「トンキー」などのゾウのショーを実施し、1940 年には入園者が 300 万人を超
え、経費の 3 倍もの収入を得ました。日本がミッドウェー海戦やガダルカナル
島で敗れた 1942 年の入園者数も 300 万人を超えていますが、戦地から戻った
父親が家族を連れて来ることも多かったようです。なお、当時は無料の幼児を
数えていないので実際の入園者はさらに多かったはずです。

　公立動物園が儲かっているのを、民間が黙って見ているはずがありません。
阪急東宝グループを創設した小林一三が、宝塚を観光開発して温泉に歌劇団、
遊園地、そして動植物園が揃った一大リゾートを実現したのは 1929 年です。
2003 年に閉園しましたが、宝塚ファミリーランドは関西屈指のレジャー施設
でした。1932 年に開園した阪神パークも遊園地と動物園、水族館が一体にな
ったレジャー施設ですが、こちらも 2003 年に閉園しました。1932 年に開園し
た北九州市の到津遊園（西日本鉄道が経営）も 2000 年に閉園しています。こ
のような電鉄系動物園の背景には、都市開発の歴史があります。急速に都市化
が進んだ大都市では、仕事はあっても家が買えませんでした。そこで電鉄会社
は大都市周辺を開発して、鉄道の開通と同時に宅地を分譲しました。そして都
市の反対側に動物園を造り、平日は大都市に通勤して休日は動物園に行けるよ
うにしたのです。この際に重要なのは宅地が売れることで、ライバルに勝つた
めには動物園は赤字でもかまわなかったので、1950 年代の電鉄系動物園は赤
字経営でした。しかし、宅地が売り切れれば話が変わるので、1970 年代には
独立採算に軌道修正しています。このころが第二次ベビーブームで、以後は少
子化の一途を辿ります。動物園の入園者はおおむね 5 歳以下の子ども連れです
から少子化は入園者の減少に直結し、電鉄系動物園は相次いで閉園しました。
名だたる電鉄会社の大半が一度は動物園を経営しましたが、少し特殊なのが京

96

王電鉄です。多摩動物公園は東京都が経営する上野動物園の姉妹園ですが、京王電鉄は資金を提供して同園を誘致し、1958年の開園時には同園に行ける唯一の鉄道となりました。

　以上が日本の動物園のはじまりです。欧州の動物園は王侯貴族のメナジェリーがもとになったり、博物学的な意図があったり、NPO・NGOだったりしました。米国には動物保全のために動いた人もいました。一方、日本の動物園は文化的基盤がないうえに、収入不足の政府によって博物館や公園の財源とされました。電鉄会社も都市開発の手段として動物園を利用しました。明治以降の日本ではオオカミやカワウソ、アシカ、アホウドリ、トキ、コウノトリといった動物が乱獲などで急激に減ったのですが、保全のために声を上げて動く人材も能力もなかったのです。富国強兵のための急激な近代化のなかで、日本社会は文化財の一部しか守れず、動物の生息地は犠牲となり、動物園も欧米とは異なる扱いをされました。動物学者との関係を断たれ、官僚主義の支配下に置かれたのは象徴的ですが、この点では今も本質的に変わっていないのです。

4.3　保全と動物福祉への傾倒

　この節では、現在に至るまでの欧米の先進動物園の歴史を概説します。

　ヨーロッパバイソンの野生絶滅を受けて、1932年に動物園が血統登録を始めたことは第1章で紹介しましたが、その中心になったのがフランクフルト動物園（ドイツ）です。同園には、元園長のベルンハルト・ジメック（Bernhard Grzimek／『東西ベルリン動物園大戦争』では「チメック」）を紹介するエリアがあります（図4.6）。欧州の動物園界の重鎮だったジメック

図4.6　フランクフルト動物園のジメック元園長を紹介したエリア。ジープや飛行機を駆使して映画で自然保護を訴え、セレンゲティが国立公園となる道を拓いた。

は「セレンゲティの父」とも呼ばれます。1950 年代に飛行機を使ってヌーや
シマウマの大移動を調査し、映画を制作してアフリカの自然保護を訴えた彼は、
野生動物保全の歴史に不朽の名を刻みました。

　1959 年には『積み過ぎた箱船』などの著書で知られるジェラルド・ダレル
（Gerald Durrell）がジャージー動物園（英国）を開園しました。彼はアフリカ
などで動物を収集する動物商でしたが、野生動物の減少に危機を覚え、保全の
ために動物園を造ったのです。『新しいノアの方舟』も彼の著書で、動物園に
おける種の保存（域外保全）は今でもノアの方舟にたとえられます。

　米国ではニューヨーク動物学協会の研究部門を率いたジョージ・シャラー
（George Schaller）が有名です。1950 年代からシャラーによるゴリラなどの研
究を資金援助してきた同協会は、1971 年に野外生物学センターを設立して動
物園と保全機関の二本立ての組織へと成長していきます。第 1 章で紹介したウ
ィリアム・コンウェイは 1961 年に 30 代でブロンクス動物園の園長となり、
1993 年に協会名を野生生物保全協会 WCS に変更した立役者です。コンウェイ
は、シャラーをはじめとするフィールド研究者との連携によって、1999 年に
同園を代表する展示施設「コンゴ」を実現しました。

　この間、野生動物と動物園を取り巻く状況は激変しました。1948 年に国際
自然保護連合 IUCN が成立し、ブロンクス動物園は 1950 年代には飼育動物の
種数を減らす方針を打ち出しました。1961 年にはパンダのマークで知られる
世界自然保護基金 WWF が活動を始めましたが、創設者の 1 人であるピータ
ー・スコットはハワイガンの飼育繁殖にも貢献した人物です。翌 1962 年には
レイチェル・カーソンが『沈黙の春』を出版して農薬 DDT による環境汚染を
指摘しました。1974 年には国際種情報機構 ISIS が活動を始め、1973 年にはワ
シントン条約 CITES（サイテス）が署名されます。1972 年にはアラビアオリックスが野生
絶滅しましたが、これは第一次世界大戦ごろに乱獲された動物で、1962 年か
らフェニックス動物園（米国）を中心に飼育繁殖が行なわれ、1980 年には野
生復帰に着手しました。1979 年には IUCN と国際動物園長連盟（現在の
WAZA）が連携して飼育下繁殖専門家グループ CBSG（現在の CPSG）が立ち
上がり、1981 年には AZA が種の保存計画 SSP を開始しました。このような
保全の流れのなか、1977 年にはシアトル（米国）のウッドランドパーク動物
園がランドスケープ・イマージョンを始め、1981 年にはブロンクス動物園が

自然界の成り立ちを伝えることを重視した子ども動物園のリニューアルを実施しています。

　一方、動物飼育への批判も激しくなります。第1章で紹介したヘディガーや第3章のシェーンブルン動物園の例でもわかるように動物飼育への批判は古くからありましたが、1964年にルース・ハリソンが『アニマル・マシーン』を出版して近代的な工場畜産における動物の劣悪な扱いを指摘して大きなうねりを起こしました。翌年には「5つの自由」で知られる英国のブランベル委員会の報告が出て、動物の飼育や移動に関する法整備が一気に進みました。動物園でも飼育環境改善のための試行錯誤が本格化しました。1970年代は「行動エンジニアリング」と呼ばれる装置を使った手法でしたが、これを環境エンリッチメントとして洗練させたのが第1章で紹介したデイビッド・シェファードソンです。彼が活躍したオレゴン動物園（米国）はアジアゾウの繁殖成績でも有名で、そこで用いられているのが準間接飼育（protected contact）です。「直接飼育（free contact）」と呼ばれる伝統的な象使いの手法は、1人の人間が1頭のゾウと密接な関係を築くことを前提に発達してきたので、交替勤務が前提の飼育員には適さない面があります。なによりも、ゾウとの直接接触には飼育員の死亡事故を含めた大きな危険があります。そこで、PCウォールと呼ばれる柵越しに、ハズバンダリー・トレーニングの技法を用いてゾウをケアする準間接飼育が開発され、世界のトレンドになってきたのです（図4.7）。

　こうした動物福祉の充実を結果的に加速させたのが動物の権利運動です。その原点は1975年にピーター・シンガーが出版した『動物の解放』で、動物飼育そのものを「種差別」と批判しました。人間を飼育することが許されない以上、動物飼育も許されないという主張です。第1章で紹介した「野生のエルザ」の映画化は1966年ですが、こ

図4.7　ゾウの準間接飼育のためのPCウォール。ゾウが左後ろ足を出して、足の裏のケアを行なっているところ。（写真提供：円山動物園）

れはライオンを飼い続けることを拒否し、野生に戻した話です。このような流れが過激な動物解放運動を巻き起こし、動物解放戦線 ALF（1976 年設立）のようにテロ組織に指定される団体や、PEṪA（動物の倫理的扱いを求める人々の会／1980 年設立）のように世界各地でさまざまなデモ活動を行なう団体ができました。彼らの完全菜食主義（ヴィーガニズム）の主張は、畜産業の環境負荷が大きいことから環境問題とも結合して勢いを増しています。

　第 1 章で紹介した英国のズーチェックは彼らの影響もあって 1980 年代に始まったもので、米国では 1987 年にカリフォルニアコンドルの域外保全を巡る裁判もありました。この裁判で問われたのは、農薬 DDT や鉛中毒などの影響で絶滅寸前になったカリフォルニアコンドルを飼育繁殖のために捕獲することの是非で、保護か尊厳死かを巡る論争を巻き起こしました。最終的に捕獲は認められて 1992 年から野生復帰が始まりましたが、米国ではこれが裁判になるのです。また、1993 年に『世界動物園保全戦略』が発表されると、ズーチェックを先導する英国のボーンフリー財団などが『動物園に問う』を発表して反論し、英国・アイルランド動物園連盟 BIAZA が再反論を発表する展開になりました。このような議論のなかで、欧米の先進動物園は動物福祉への取り組みを強めます。

　その代表格が、アトランタ動物園（米国）です。1984 年に全米ワースト 10 動物園にあげられた同園はアトランタ市直営でしたが、とくに問題視されたのは子どもたちから寄付を集めて購入したゾウをサーカスに送って死なせたことです。日本では考えにくい話で市民が怒るのも当然ですが、結果として同園は 1985 年に NPO・NGO となりました。そして、地元の大学教授で霊長類を研究していたテリー・メイプル（Terry Maple）を園長に招き、動物福祉の改善、抜本的な組織改革、そして大規模な施設リニューアルを実現しました（図 4.8）。とくに単独飼育から群れの中心となったゴリラの「ウィリー B」は同園再生のシンボルとなり、死後もブロンズ像が建っています。このような時代の流れのなかで、セントラルパーク動物園は 1981 年に市直営から WCS に、シェーンブルン動物園は 1991 年に国立有限会社に経営変更したのは第 3 章で見たとおりです。欧米の動物園関係者は、口を揃えて以前のアトランタ動物園やシェーンブルン動物園を批判するのですが、過去の状態が悪かったと認め、それと決別するために邁進する姿勢は日本にはあまり見られないもので、欧米の

100

図 4.8　アトランタ動物園のリニューアルを象徴する「フォード・アフリカ熱帯雨林」のゴリラの展示。自動車メーカーのフォードが資金提供した。

動物園の進歩を支える原動力とも言えるでしょう。

　以上のように欧米の先進動物園は、保全に向けた自らの熱意と動物園批判論との切磋琢磨によって保全と動物福祉の両面で高みを目指し、2015年に『世界動物園水族館保全戦略』と『世界動物園水族館動物福祉戦略』を発表しました。さらに 2020 年に WAZA が発表したのが国連の持続可能な開発目標 SDGs に対応した『持続可能性戦略（Sustainability Strategy 2020-2030)』と『世界動物園水族館保全教育戦略』です。その背景にあるのは動物園が NPO・NGO として「良いこと」であり続けねばという思いであり、彼らはそこに人生を賭けているのです。

4.4　日本の動物園の蓄積と課題

　欧米の先進動物園が保全と動物福祉の両面で自らを高めていた間、日本の動物園はなにをしていたのでしょうか。

　動物飼育への批判は日本にも早くから伝わり、1923 年には動物愛護会が上野動物園のオスゾウの飼育方法を批判する講演会を開催しました。日本人道会や居留外国人も同調し、動物園の責任者だった獣医師の黒川義太郎さんは激しく動揺して辞職も考えるほどでした。黒川さんは主任という役職でしたが、「動物園のおじさん」「園長さん」などと親しまれた人物で、獣医師と飼育員を軸に動物園を運営する日本スタイルの原型が見られます。

　高齢で病気がちになった黒川さんの後継者として、1928 年に上野動物園 2 人目の獣医師になったのが古賀忠道さんです。古賀さんも東京市公園課の主任でしたが、1936 年にクロヒョウが逃げて大騒動になり、きちんとした責任者の必要性が認められて「園長」に任命されました。30 年にわたって上野動物

園のトップを務めた古賀さんは、JAZA を設立し、学術誌「動物園水族館雑誌」を刊行するなど、日本の動物園界に大きな足跡を残しました。その名を冠した「古賀賞」は希少動物の繁殖にとくに功績のあった動物園水族館に贈られる JAZA の最高賞です。

　4.2節で見たように 1942 年にも上野動物園の来園者は多かったのですが、古賀さんは貴重な獣医師として 1941 年に陸軍に召集されていました。そのころ、同園に降りかかったのが 1943 年の猛獣処分です。戦争に負け始めた日本は、空襲に備えて首都防衛のために自治体である東京市を解体して、国の機関としての東京都にしました。その初代長官である大達茂雄さんが着任の翌月に命じたのが猛獣処分で、その狙いは空襲がほんとうに来ると人々に訴えて、学童疎開や建物疎開を推進することでした。東京都は「時局捨身動物」として動物が身を捨てるような時局だと訴えたのですが、その背景には大本営発表によって戦局の悪さが伝えられず、空襲を予測できなかった世情がありました。動物たちは、真実を隠した大本営発表の犠牲になったと言えるのです。「トンキー」を含む3頭のゾウも犠牲になりました。その後、人間の食べ物も足りなくなると、カバやサイもエサを確保できなくなって処分されます。かくして、1945 年に戦争が終わって戻ってきた古賀さんを待っていたのは、およそ動物園とは言えない状態の上野動物園でした。

　戦後の動物園を突き動かしたのは、動物愛護と情操教育に向けた思いでした。上野動物園は 1947 年には動物愛護週間を PR するパレードを行ない、翌年には子ども動物園を造りました。古賀さんは当時の子どもたちのすさんだ様子を嘆き、「子どもたちの健全な発育のみが、文化日本を建設」すると考え、「現在の世の中にもっとも不足した、弱者をいたわる心」を学んでもらおうと情操教育を進めました。古賀さんが子ども動物園の担当に起用した若手獣医師・遠藤悟朗さんは、1975 年に日本動物園教育研究会（現在の日本動物園水族館教育研究会、通称「Zoo 教研」）の初代会長となり、1980 年には埼玉県こども動物自然公園の初代園長になった人物です。

　一方、民主主義教育の一環として 1949 年に開催された台東区の子ども議会は、名古屋の東山動物園で生き残った2頭のゾウを上野動物園に分けてもらおうと決議したのですが、仲の良い2頭を分けるのは無理だったので、名古屋までゾウを見に行くゾウ列車が運行されました。このような子どもたちの声がイ

ンドのネール首相に届き、平和の使者として贈られたゾウが「インディラ」です。受け取った上野動物園は、日本の子どもたちに贈られたのだからと、朝日新聞社と国鉄の協力を得て東日本各地で移動動物園を開催しました。これが動物園ブームを起こし、各地で子どものための動物園が造られたのです。

　子どものためとは言え、戦後まもない時期に動物園ができた背景には、採算が見込めたことがあります。実際、札幌市円山動物園や横浜市野毛山動物園（いずれも 1951 年開園）は独立採算でした。しかし、物価が急上昇するなかで入園料の値上げが追いつかなくなり、動物園は支出の絞り込みを迫られました。高度経済成長のなかで動物園は取り残され、独立採算維持のために四苦八苦したのです。こうして日本の動物園は「安かろう、悪かろう」という道を歩み始めます。収入確保のために有料の電動遊具も次々と導入しました。

　この流れを変えたのは革新系の首長です。1963 年に飛鳥田一雄さんが横浜市長に就任した翌年、大量の電動遊具を揃えて独立採算していた野毛山遊園地（現在の野毛山動物園）は遊具を全廃して、動物園を無料にする変革を遂げました。また、1967 年に美濃部亮吉さんが都知事に就任した翌年には上野動物園は 75 歳以上を無料とし、さらに小学生と 65 歳以上も無料になりました。美濃部さんが都知事だった時代、上野動物園は大人料金を 12 年間据え置き、子どもと高齢者を無料にしたので、経常経費の半分以上を税金に頼るようになりました。この影響が全国に広がり、日本の動物園は子どもと高齢者が無料で大人も安くてあたりまえになったのです。背景にあったのは、税金でみんなが住みやすい社会を築く「福祉国家の建設」の発想です。当時は都市部で革新系が強く、総選挙で敗北した自民党の田中角栄内閣は 1973 年を福祉元年と位置づけて福祉の充実に取り組みました。ところが、その秋のオイルショックで高度経済成長が止まり、時代は「増税なき財政再建」へと大きく舵を切ります。かくして、増税しにくい日本社会のなかで、経常経費の半分以上を税金に依存する動物園という姿ができたのです。日本の動物園の経営上最大の問題は「動物園が自主的運営をした事例がほとんどないこと」だというのが石田さんの指摘でした。ロンドン動物園以降、欧米で主導的地位にあったのは NPO・NGO の動物園でしたが、日本にはこの方式は導入されず、ずっと政府の支配下で時代の流れに翻弄されてきたのです。これが、日本の動物園はいまだかつて一度たりとも、まともに経営されたことがないと私が考えている理由です。

　そんななかでも園長以下の現場は着実に努力を重ね、なかでも古賀さんが確立したツルの人工育雛技術は世界的にも評価されました。古賀さんは1962年に上野の園長を退任した後も各地の動物園建設に関わり、WWF日本委員会の設立にも尽力しています。浅倉繁春さんや中川志郎さんといった上野の歴代園長も、飼育技術の向上や欧米の先進動物園の思想の導入に尽力しました。1967年、佐渡にトキ保護センターができると、翌年には東京都の動物園職員はトキ保護実行委員会を組織して近縁種を飼育し、人工飼料や繁殖技術の開発に取り組んでいます。1972年のジャイアントパンダ来日は、絶滅危惧種や種の保全といった言葉を普及させ、人工授精などの獣医畜産分野を中心に大学との連携が進みました。1974年には上野と多摩が東京動物園ボランティアーズTZVを導入しましたが、これは中川さんが欧米を歴訪した成果の1つです。1979年には多摩がチンパンジー用の人工アリ塚を造りましたが、これはジェーン・グドールの研究に着想を得たものです。1984年にはJAZAが血統登録に着手し、1988年に種保存委員会（現在の生物多様性委員会）が活動を始めると、翌年には東京都のズーストック計画が動き出し、1990年代にはランドスケープ・イマージョンを目指した生態的展示が各地に建設されました。このような流れは「周回遅れ」ではあっても、欧米の先進動物園と歩調を合わせたものです。

　一方、1993年に『世界動物園保全戦略』ができて欧米の先進動物園は環境教育（保全教育）に集中する姿勢を鮮明にしましたが、日本では別の動きがありました。きっかけは1997年の神戸連続児童殺傷事件で、犯人の中学生が動物虐待を繰り返していたという話が学校教育関係者に大きく影響し、生命尊重教育（命の教育）を重視する流れが動物園にもおよびます。一貫して情操教育を重視してきた日本の動物園教育の姿勢は、保全教育を学校にも実践してもらおうとする欧米の先進動物園とはだいぶ異なります。この根底には、NPO・NGOとして社会を変えようと働きかける欧米の先進動物園と、行政のなかでの役割を模索する日本の動物園という基本スタンスの違いもあるでしょう。

　動物福祉の面では日本と欧米はだいぶ違っていて、日本のズーチェックは1996年の一度きりで終わっています。動物園批判が弱いのは日本の特徴で、「良いこと」であり続けるために努力し続ける欧米の先進動物園に比べて、日本ではそれほど努力しなくてもすんでいます。「動物園はあらゆる意味で、社会的な人気に依存していて、その基盤に甘えている」という石田さんの指摘は、

104

図4.9　旭山動物園のオランウータン舎の17mタワー。初代のエンリッチメント大賞に選ばれた。

動物福祉の推進力が弱いという意味では重大な問題で、日本が欧米に追いつけない要因の1つとも言えます。

1998年の「もうじゅう館」など旭山動物園の行動展示は、そのような日本で動物福祉を向上させた要素の1つです。2002年に始まった市民ZOOネットワークの「エンリッチメント大賞」で初代の大賞（飼育施設部門）に選ばれたのも同園のオランウータンのタワーでした（図4.9）。生き生きした動物が見られるように展示をリニューアルすることで来園者を増やせると示した同園は、全国的に大きな影響を与えました。

　ここまで全体の流れを紹介しましたが、各地で個性的な人物が奮闘した結果、独自の動物園文化も育まれています。旭山の小菅正夫さんはその代表ですが、同園の閉園騒動からの復活を記した本は多いので、ここでは他の人物を紹介します。北九州市の到津遊園の園長だった阿南哲郎さんは1937年に日本初の動物園サマースクールを始めました。阿南さんが童話や音楽などの講師を招いて始めた「林間学園」は長く受け継がれ、1998年に閉園を発表すると即座に存続運動が起こり、市役所が引き取って到津の森公園に生まれ変わる原動力になりました。動物園としてはめずらしい登録博物館である日本モンキーセンターに1958年から学芸員として勤務した廣瀬鎮さんも動物園教育界の先駆者で、Zoo教研設立の立役者でもあります。同園が学芸部という名の教育部門を設置したのは1969年で、日本の動物園の教育部門として異例の早い時期でした。1971年開園の広島市安佐動物公園は古賀さんが指導した動物園ですが、初代園長に抜擢されたのが小原二郎さんです。自然史博物館としての動物園を追求し、研究を重視した小原さんは自ら博士号を取得するとともに、オオサンショウウオのフィールド調査や飼育繁殖に取り組みました。1984年開園の富山市ファミリーパークで、里山を動物園にする開発反対運動と向き合った山本茂行

さんは、市民と連携して園内の里山再生を牽引しました。動物園論者としても知られる山本さんの主張は『動物園というメディア』に収められています。

　ここでは数例しか紹介できませんでしたが、どの動物園にも多かれ少なかれ独自の文化が蓄積されており、その切磋琢磨で日本の動物園は成長してきました。大きな視野から見ると欧米におよばない部分がめだつ日本の動物園ですが、それぞれの園で努力が蓄積され、着実に成長しているのも事実です。そして、これからの日本の動物園の成長は、これまでの蓄積の上にしか成り立たないのです。

　以上、この章では日本の動物園の成立から現在までを、欧米の先進動物園と比較しながら見てきました。日本の動物園は、文化的素地のないところに形だけ持ち込もうとした結果、公園行政の財源という意図せぬ形で全国に展開しました。これを変えたのは福祉国家の建設という時代の流れでしたが、オイルショックによって増税なき財政再建へと向かった結果、市民・役所・動物園の 3 者とも不満足な状態になってしまったのです。古賀さんに代表される動物園人はそれぞれに努力を積み重ねてきましたが、大局的に見れば縦割行政のなかでの苦闘であり、欧米の先進動物園のように NPO・NGO として新しい時代を切り拓く力は限定的だったのも事実です。次章では、そんな日本の動物園が果たしてきた役割を確認しながら、これからの時代にどのように向かうべきかを考えます。

4.5　第 4 章のまとめ

1. 世界初の近代動物園と呼ばれる施設は 3 つあるが、なかでも動物園の歴史に大きく影響したのは NPO・NGO として設立されたロンドン動物園だった。ドイツ語圏や米国でも相次いで動物園が設立されたが、なかでもブロンクス動物園の初代園長となったホーナデイは当初から野生動物の保全を志していた。

2. 日本初の上野動物園は、文化財を重視する博物館の財源と扱われた。各都市の動物園は公園行政の財源だったので、上野動物園は上野公園とセットで東京市公園課に下賜された。電鉄会社は都市開発の手段として動物園を造ったが、そのほとんどはすでに閉園している。

3. 欧米の先進動物園には、保全を牽引したベルンハルト・ジメック（フランクフルト動物園）、ジェラルド・ダレル（ジャージー動物園）、ジョージ・シャラーとウィリアム・コンウェイ（WCS）といった人物がいた。動物園批判との切磋琢磨は動物福祉の向上を促し、デイビッド・シェファードソン（オレゴン動物園）による環境エンリッチメントや、テリー・メイプル（アトランタ動物園）による経営再建が行なわれた。

4. 戦時猛獣処分を経た日本の動物園は、古賀忠道さんを中心に動物愛護と情操教育を重視し、飼育技術向上に取り組んだ。戦後まもなく動物園ブームが起きたが、独立採算だったことで経済成長から取り残され、福祉国家建設を目指した時代に子どもと高齢者を無料にして、税金に依存するようになった。浅倉繁春さんや中川志郎さんは欧米にならい、小菅正夫さんや山本茂行さんは独自路線で現場の努力を積み重ねてきた。日本の動物園には、生命尊重教育の重視、動物園批判の弱さ、NPO・NGOではないといった欧米との違いがある。

5 動物園の役割とあり方

5.1 理解しきれない「動物」と私たち人間という存在

　第1章の最後で、「動物園は必要なのか？」という問いがつねに突きつけられていると述べました。この章では、それに対する私なりの答えを説明します。なお、5.1節と5.2節はこの本で一番ややこしい部分なので、無理だと思った人は5.3節に飛んでも大丈夫です。

　まず確認ですが、世界中の動物を集めて動物園なるものを造った動物は、私たち人間、つまりホモ・サピエンス以外にいるでしょうか。少なくとも私たちが知っている地球の歴史上はいないでしょう。同じ人類であるネアンデルタール人も、そんなことはしなかったはずです（そもそも住んでいた地域が限定的でした）。このことから、「ホモ・サピエンスが動物園を造り、維持することにコストをかけているのはなぜか」という問いが立てられます。これは上記の「動物園は必要なのか？」にかなり近いので、この章の前半ではこの問いを扱います。

　ここで視野を広げるために、ユヴァル・ノア・ハラリが提案した「ホモ・デウス」を紹介します。彼は、人間が至福と不死を追い求めて生物工学やサイボーグ工学を使って自らを改変し、「ホモ・サピエンスをホモ・デウスへとアップグレードする」と予測しました。このホモ・デウスは寿命で死ぬことがないうえ、知覚能力が肉体に制限されないのですが、そうなった彼らがなにをするかは、私たちには「理解のしようがない」と言っています。これは逆に言えば、私たちの価値観は、寿命があり、知覚能力が肉体に制限されているホモ・サピエンスとしての特性にもとづいているということです。解剖学者の養老孟司さんにならって言えば、生老病死といった人間自身が抱える自然を無視すると本質が見えなくなるのです。もう1つ似た話で、人工知能が私たち人間を超えて、より高度な知能を生み出せるようになるとなにが起きるでしょうか。「2045年

問題」とも言われますが、この人工知能が生物多様性に価値を認める保証はあるでしょうか。あらためて、ホモ・デウスや人工知能は動物園を造るだろうかという問いを立てると、それは「わからない」と答えるのが正しいと言えます。私たちに考えられるのは、あくまで私たちがホモ・サピエンスだという前提の範囲内なのです。これが動物園を考える場合にも大前提ですから、動物園を考える鍵は人間（ホモ・サピエンス）を理解することだと言えます。

　私たちの価値観は、他の動物とも同じではありません。少し極端な例から入ると、世の中には「自爆するアリ」がいます。天敵を撃退するために自爆して毒をまくのですが、このアリの価値観を、私たち人間に引き寄せて考えるのは正しい見方ではないでしょう。この行動を理解するには、個体ごとの脳ではなく、いかに多くの遺伝子を残せるかという「包括的適応度」を考える必要があります。「利己的遺伝子」とも言いますが、このようなメカニズム（自然選択）が進化を支配してきたのは事実で、それは私たちの脳で考える幸福とは異なるのです。一方、私たちは動物福祉に無関心ではいられませんが、その根底にあるのが私たちの脳で考える価値観だという点は気をつけなくてはなりません。私たちが良かれと思ってしたことが、動物の遺伝子にとっては余計なお世話になることは十分にありうるのです。たとえば、“動物のため”に避妊去勢手術を行なうことは、遺伝子を残すうえでは妨害に他なりません。これは自然選択と人為選択は基準が異なるという話なので、どちらが良いということではありません。良い・悪いというのは価値の話なので、どのような価値観に照らして判断するかで話が変わるのです。この点、私たちの考える動物福祉は個体の幸福に価値を置いている時点で、すでに人間の価値観が基準になっていることは認識しておきましょう。私たち人間は、脳という臓器にきわめて強く影響される動物で、その価値観はけっして普遍的ではないのです。ただ、私たちがどうするかは、私たちの価値観にもとづけば良いのですから、私たちなりに考える意義は大いにあります。

　もう少し、私たち自身に対する理解を深めましょう。幼児殺害が犯罪になるのに、妊娠中絶が認められるのはなぜでしょうか。出産という契機はありますが、幼児と胎児の生命は連続しています。これは生命倫理の話なので、トリストラム・エンゲルハートの「人格」の考え方を紹介します。彼は、妊娠中絶が認められるのは、婦人の「人格」を守るためには胎児の「人格」は認めなくて

も良いとしているからで、一方、幼児には社会的な意味で「人格」を認めることにしているので、幼児殺害は罪と見なせると説明します。彼の言う「社会的な意味での人格」は、権利は認めることにするが、義務は課さないという便宜上の存在です。その範囲を決めるのは、権利と義務を併せ持つ「厳密な意味での人格」による合意です。つまり、ホモ・サピエンスだからすべて同じように扱うべきとは言えないのです。「社会的な意味での人格」と「厳密な意味での人格」の線引きは、通常は「成人」という便宜上の区分で行なわれます。成人には選挙などの形で合意形成に参加する権利が認められると同時に、義務の遂行も求められます。ただし、すべての成人に「厳密な意味での人格」を認めるのもむずかしいので、認知症の人には成年後見人をつけるといった仕組みもあります。「厳密な意味での人格」が厳格に判定されるのは刑事事件の容疑者で、「責任能力」の有無が問われます。私たちの社会は、このようにして成り立っているわけです。

　ここで「動物の権利」という考え方を見直すと、これは動物にも「社会的な意味での人格」を認めようという主張です。ですから、動物には権利は発生しますが、義務は発生しません。チンパンジーの権利を認めれば、チンパンジーを殺した人間は罪に問われますが、人間を殺したチンパンジーも、チンパンジーを殺したチンパンジーも罪に問われません。重要なのは、そのような世の中を実現すると合意し、そのために努力する（＝コストを負担する）のは「厳密な意味での人格」でしかありえないことです。チンパンジーやゾウやイルカと合意形成してコストを負担してもらうことは、少なくとも今の私たちにはできません。将来的には可能性があると考える人もいますが、私たちが今いるのは、多様な知的生命体が交流するSF映画のような世界ではないのです。一方、私たちは「厳密な意味での人格」が殺される場面はできるだけ減らそうとします。ですから、虐殺や人種差別といった人権問題は国際問題になります。「社会的な意味での人格」も同様で、子どもが殺されないようにするコストを私たちは負担します。では、チンパンジーに人格を認めたとして、彼らの子殺しや群れどうしの殺し合い（これらは自然に起きる現象です）は放置して良いのでしょうか。ここで動物の権利の是非を論じるつもりはありませんが、少なくとも現状では、これは人間から他の動物への一方向の（見返りを求めない）配慮でしかありえないのです。ここで強調しておきたいのは、このコスト負担の問題こ

そ私たちが避けて通れない課題であり、これを無視した議論はどんなに立派に見えても、実現できない夢物語にすぎない可能性があるということです。

　あらためてホモ・サピエンスの特性を考えると、じつはこの動物（私たち）は進化の過程でちょっと変わった特性を獲得したことがわかってきました。ネアンデルタール人が消えてホモ・サピエンスが生き残ったのは約2万年前です。ネアンデルタール人のほうが体格は良かったのですが、ホモ・サピエンスが生き残ったのです（交雑もしましたが）。その要因と考えられていることのなかに、ホモ・サピエンスのほうが大きな集団を構成できたことと、イヌを連れていたことがあげられます。大きな集団を構成できたのはコミュニケーション能力が高いおかげですが、同時にホモ・サピエンスがより大きな集団で合意形成したがるという特性を持っていることを意味します。国連のような地球レベルの組織をつくって合意形成しようとするのも、WAZAが動物園を良くするための戦略を打ち出しているのも、ホモ・サピエンスの特性によるものと言えます。

　もう1つのイヌは、ホモ・サピエンスを語るうえで非常に重要な動物です。私たちが最初に家畜化した動物がイヌだというのは疑いない事実で、一説には4万年前とも言われます。重要なのは「共進化」と呼ばれる現象で、ホモ・サピエンスが一方的にイヌを家畜にしたのではなく、ホモ・サピエンスもまたイヌがいる前提で進化してきたのです。これによって、他の人類とどれほど異なる特性を獲得したかは定かでありませんが、イヌあっての私たちホモ・サピエンスであることは揺るぎない事実です（図5.1）。ただし、イヌと私たちの関係はけっしてつねに温かいものでは

図5.1　イヌ（学名 *Canis lupus familiaris* または *Canis familiaris*）は、ホモ・サピエンスとともに進化したと考えられている。写真は小諸市動物園の川上犬「さくら」。（写真提供：小諸市動物園）

なく、むしろ歴史的には殺伐とした関係が多く見られます。日本でも江戸時代までは人がイヌを食べることもあり、イヌもまた捨て子などを食べることがありました。世界的に見ても人とイヌの関係はきわめて複雑で、イヌを「重要な他者」と位置づけたダナ・ハラウェイは「犬とはすなわち、避けることのできない、矛盾した関係性の物語」と言っています。

　ハラウェイの指摘のように人間と動物の関係には随所に矛盾が見られますが、その根っこを辿ると浮かび上がるのが前述のホモ・サピエンスの特性なのです。私たち生物は、外界から栄養を摂取しなければ死んでしまうエネルギー的に不安定な存在です。ですから、肉などの良質な栄養を摂ればおいしいと感じる能力を獲得しました。同時に、私たちはイヌなどの動物がそばにいると心地よく感じます。私たち人間は孤独に弱い動物で、自分を認めてくれる存在はとても大きな価値を持ちます。「他者の承認」が「自己肯定感」を育むという話で、ペットなどの身近な動物はこの意味でとても重要なのです。私たちがそのように感じるのも、イヌとの共進化の結果かもしれません。

　しかし、イヌは「厳格な意味での人格」にはなりえません。第2章で、どんなに動物のために努力しても、動物は給料を払ってくれないと述べました。人間と動物の違いについてはさまざまな議論がありますが、哲学者のメルロ＝ポンティは行動を「癒合的形態」「可換的形態」「象徴的形態」の3つに区分し、人間以外の動物には象徴的形態がないと説明しています。これは、音楽を楽譜で表現するといった「同一主題をさまざまに表現しうる可能性」のことで、価値をお金という形で表現して扱う能力も同様に理解できます。この結果、イヌなどの動物は、私たちの集団（コミュニティ）の構成員でありうる一方、合意形成や義務の遂行ができないので財産（場合によっては食料）とも見なされるという二面性を抱えた存在となりました。このように人間と動物の関係が抱える矛盾は、ホモ・サピエンスが進化の過程で得た特性の現れと理解できるのです。石田戩さんの言葉を借りると「人と動物の関係は、矛盾の上に成立している。すっきり割り切れない状態が正常で、どのように矛盾しているか考えることが大切」となります。

　このような矛盾は、心理学的には私たちの脳内に「認知的不協和」を発生させます。私たちには、自分の考え方や行動を一貫したものにしようとする傾向（自己一貫性動機）があるので、自分自身や周囲の環境についての認識の間で

生じる矛盾を不快に思います。その緊張状態を緩和するために、矛盾する認識の一方を変えようと行動したり、自分の考え方を変えようとするのです。これも私たち人間の特性であり、「傷つきやすさを認めることができるということが私たちを傷つける」というコーラ・ダイアモンド（哲学者）の表現が適切だと私は感じます。私たちの心は動物に不幸があれば傷つき、なんとかしたいと葛藤するのです。このような私たちの傷つきやすさを、ダイアモンドは「露わさ」と表現します。しかし、動物との合意形成もできない私たちですから、最終的には「私たちの露わさをどう受けとるかがあるだけ」と彼女が言うように、私たちの心の問題として向き合うことも必要なはずです。

　さらに奥深いところに行くと、私たちは１人１人が「自我」を持っています。私たちのなかには、けっして他人には理解しきれない部分があるのです。同様に、他人のなかにある覗き込めない部分を「他我」と言います。私たちホモ・サピエンスは合意形成したがると同時に、本質的に理解しきれない部分をおたがいに抱えているのです。ですから、人間関係で大切なのは距離の置き方だと言えます。重要なのは、これと同じ構図が動物に対しても、さらに大きな領域であてはまることです。ですから、相手が理解しきれない存在だという前提で考えることが大切になります。哲学者の鷲田清一さんは「他なるものを、他なるものとして、そのままとらえるのは難しい。動物性を『われわれ』に理解可能な地平に引き入れるのではなく、こうした『ずっと気を遣う』経験を繰り返してゆくことがまずは必要」と言っています。とても簡単な事例を話すと、私たち人間に見える世界は、昆虫や爬虫類、鳥類に見えている世界よりも色が乏しいことが知られています。彼らは紫外線も見ることができるので、哺乳類である私たちには見えない世界を生きているのです。このように、１個体１個体の動物が生きている彼らにとっての世界を「環世界」と呼びますが、それは私たちには想像するしかない、けっして理解しきれないものです。理解しきれない存在に対してずっと気を遣いながらともに生きていくのは苦労が多そうですが、動物園に求められるのはそのような努力なのです。

　ここであらためて、人間にとって動物とはなにかと考えると、それは「『人間』とはなにかを突きつけてくるもの」とも言えます。人間の成長過程を考えるとわかりやすいのですが、生まれたばかりの赤ん坊は自分の手足すら「自分」の一部だと理解していません。それをしゃぶったり動かしたりしながら、

自らの身体性を理解します。もちろん、この段階ではまだ「自分は人間だ」という意識はありません。これが生後 6-8 カ月になると、ぶつかって動くだけの物と、自分から動く物を区別できることが確かめられています。もう少し成長して 1 歳前半には、生きている物と、そうでない物をかなり明確に区別できるそうです。ここで漠然と「動物（人間を含む）」というカテゴリーが成立します。これが明確になり、細分化されるのが 1 歳半ばから後半の「命名の爆発」と呼ばれる時期で、あらゆる物に名前をつけ、カテゴリー化します。こうして私たちは少しずつ世界を理解するなかで「人間」という概念を獲得するわけですが、最終的には自分と同等（の可能性がある）と判断できるものが「人間（自分＋他人）」となり、同等とは判断できないものが「人間以外の動物」となるのでしょう。「ヒトは、自分たちと動物たちとの類似性と差異性を認識することによって、人間となった」というのが動物絵本を研究した矢野智司さんの言い方です。

　ですから、動物とは「『人間』とはなにかを突きつけてくるもの」であり、そんな動物を集めた動物園とは「『人間』とはなにかを突きつけられる場所」なのです。それは、神にも他の動物にもなれない「人間である」という絶対的な現実を突きつけられる場所ですから、居心地の悪さを覚える人もいて当然です。そんなことは気にも留めない人も多いでしょうけど、動物園という場で人間と動物の関係の矛盾に気づかされる人もいます。動物園は、人間の多様性を鏡のように映し出す場所でもあるのです。

　この節では動物園を考える前提として、人間（ホモ・サピエンス）の特性や、人間と動物の関係にある矛盾を見てきました。次節では「ホモ・サピエンスが動物園を造り、維持することにコストをかけているのはなぜか」という問いの入口として、日本と欧米の社会的背景の違いが動物園を巡る思想にも反映されることを見ておきます。

5.2　日本と欧米の社会的背景の違い
──グローバリズムとローカリズム

　前節で人間と動物の関係に矛盾があると説明した後ではありますが、あらためて「人間と動物の関係を合理的に解決できる理論は導き出せるでしょうか」

と尋ねたいと思います。これには、おそらく日本人の多くが「それは無理だろう」と感じると思いますが、この節でお伝えしたいのは、欧米では事情が異なるということです。世界の動物園事情を理解する前提として、この違いを押さえておくことは重要です。

　メルボルン動物園（オーストラリア）などの動物園経営団体CEO（最高経営責任者）であるジェニー・グレイ（Jenny Gray）は、2017年に『動物園の倫理（Zoo Ethics）』を出版しました。彼女はWAZAの会長も務めた人物で、オーストラリアの動物園関係者はWAZAで大きな役割を担ってきました。たとえば、『世界動物園水族館動物福祉戦略』の著者14人のうち、オーストラリアの人は5人で最多です。ですから、この本で使ってきた「欧米の動物園」といった表現は「欧米豪の動物園」とするほうが適切だったのですが、わかりやすくするために単純化していました。

　彼女は、動物園が考慮すべき倫理を探し求めたのですが、興味深いのは「最初は比較的簡単だと思って」いたのに、結果的に「絶対的な言い方に注意することを学んだ」と述べていることです。とくに「私たちは簡単で正しい答えがあると考えたがる。正しいかまちがいか確実に言える論理があることを願う」という言い回しは、彼らの感覚的な基盤が、日本人とは少し違うことを示すように私は感じました。なお、ここで言う「彼ら」とは必ずしも「西洋人」を意味しません。むしろ、英米豪などのアングロサクソン系ととらえるほうが良いようにも思いますが、彼らがWAZAに大きな影響を与えてきたことはまちがいありません。彼女は最終的に「『動物』に含まれる複雑さが絶対的原則への到達を困難にする」という見解に至ります。そのうえで「最善の方法は、実践し、議論すること」「十分に繁殖させられない動物や、捕獲に苦痛を伴う動物は飼育すべきではない」というのが彼女の結論です。個人的にはこの結論には違和感も覚えるのですが、このように考える人々がWAZAの中核を担っていることは重要です。

　ここで私が覚えた違和感を説明しておくべきでしょう。簡単なほうからいくと「十分に繁殖させられない動物や、捕獲に苦痛を伴う動物は飼育すべきではない」という結論は、技術的向上の可能性を無視しており、第2章で紹介したモグラなどは飼育すべきでないことになります。そもそも動物園は、より良い飼育繁殖のための試行錯誤の蓄積の上に成り立っています。自然界に正面から

向き合って理解に努め、希少動物を保全したいのであれば、この制約は妥当とは言えません。ただし、彼女の結論の背景には「倫理的基盤を強化しないと、運営のための社会的ライセンスを失うリスクがある」という危機感があります。このような危機感が英米豪などの動物園でとくに強いのです。これに対して日本は「動物園はあらゆる意味で、社会的な人気に依存していて、その基盤に甘えている」と言われるような状況ですから、おたがいの理解がむずかしいのも当然です。

　彼らのもう 1 つの特徴が「最善の方法は、実践し、議論すること」という姿勢です。ここには議論（言語化）に対する盲信とも言えるこだわりがないでしょうか。第 1 章で「正当化できないことは、してはいけない」という考え方を紹介しましたが、その背景にあるのはこの姿勢です。ジャミーソンは「動物を動物園に入れることを正当化するためには、そうすることによってのみ得られる重要な利益があることを証明しなければならない」と主張しました。これは、言語化できなければ認めないという主張です。これに対して論陣を張ったコンウェイたちも「動物たちを野生から獲ってきて展示することを正当化するためには、利用者にとって教育的な価値がなければいけない」と主張していました。つまり、ジャミーソンもコンウェイも言語化できなければ認めないという姿勢では同調しているのです。これが、WAZA を突き動かしてきたグローバリズムの論理です。

　しかし、言語化できなければ認めないという姿勢は、はたして正しいのでしょうか。私が覚えたもう 1 つの違和感がこれです。そもそも動物には私たちには理解しきれない部分があるわけで、そのような動物が世界には多種多様に存在しています。「動物」というカテゴリーを一括りで扱うのが無理だったように、ここにはカテゴリー化や言語化の限界があり、動物園が扱っている動物たちは言葉で語りきれない存在なのです。その動物たちとの関係のあり方を言葉で説明できなければ認めないという主張には無理がないでしょうか。

　これは哲学の話なので再びメルロ＝ポンティを引用すると、彼は「相対性理論は、絶対的で最終的な客観性が夢想であることを確証した」と言っています。じつは、西洋哲学の根底には「いつか自然や宇宙が（場合によっては人間の世界も）完全に解明されるだろう」という楽観的な見通しがあったのです。これは時間と空間が絶対的な座標となるニュートン力学の世界なら可能性があった

のですが、これを破壊したのがアインシュタインの相対性理論なのです。「私たちは簡単で正しい答えがあると考えたがる。正しいかまちがいか確実に言える論理があることを願う」というジェニー・グレイの気持ちは、このような西洋哲学の伝統と一致します。なお、動物の権利のベースになっている権利論や功利主義という考え方も、ニュートン力学で世界を理解できると信じられていた時代のものです。

　一方で、現代哲学は言語化の限界に挑み続け、私たち一般人には理解しがたい言葉の使い方をするようになっています。動物倫理の世界ではさまざまな主張があり、今でも「正しいかまちがいか確実に言える論理」を求める人々もいますが、『21世紀の動物園（Zoos in the 21st Century）』のなかでマイケル・ハッチンス（Michael Hutchins）は「倫理的視点は絶対的でなく、善悪の概念は状況によって異なる。絶対的真実や完全な解決を求めず、継続的な議論と再考が目的」と言っています。言葉を重ねることは無意味ではありませんが、それによって正しいかまちがいか決めようとするのは誤りだと考えるべきでしょう。さらに鋭く明確な言い方として、哲学者の一ノ瀬正樹さんは「『倫理』というものは、私たちの生のありように不完全性があるからこそ、考察すべき問題系として立ち上がってくるのであり、したがってむしろ、本質的に不完全たらざるをえない」「不完全性は倫理の欠陥なのではなくて、倫理の本質的な特質なのである」と述べています。ちょっとむずかしい言い方なので、私なりに強引に翻訳してしまうと「私たちがホモ・サピエンスである以上、完璧な生き方を求めるのは無理」という話です。

　言語化に限界があるとしても、「正当化できないことは、してはいけない」という考え方が保全や動物福祉といった動物園の理論を推し進めてきたのは事実です。これは日本の動物園にとって悩ましい話で、私が覚えた違和感はかりに正しいとしても、世界の流れから取り残される要因になるのです。しかも、コンウェイやWAZAの論理は動物園がNPO・NGOであることを前提にしているので、政府には通用しない面があります。あらためて確認すると「動物園は積極的な保全組織にならねばならない」「主要な非政府保全組織になる可能性がある」というのがコンウェイの主張でした。なお、彼らがこのように主張する背景には、正義（justice）と悪を区別する一神教的な発想もありそうです。繰り返し出ている「正当化（justify）」は、まさしくそこにつながる言葉です。

これに対して「正義の反対は悪ではなく、別の正義」といった言い方もあります。有名どころではノーベル文学賞を受けたボブ・ディランが「あなたはあなたの側から正しい、私は私の側から正しい（You're right from your side, I'm right from mine）」と歌っていますが、この話はグローバリズムとローカリズムの問題として後述します。

　ここまで、ジェニー・グレイやジャミーソン、コンウェイといった WAZA の主張の基盤にある意見を批判的に見てきましたが、彼らの主張に無理があるからと言って、日本の現状で良いという話にはまったくなりません。石田さんに言わせると、西洋哲学は良くも悪くもキリスト教的な世界観があって成立しました。スコラ哲学というキリスト教的な考え方から脱する必要があったのです。だからこそ、「神や宗教との緊張関係から動物を探求する姿勢」が動物園の源流にありました。これに対し、日本には考え方のベースがないので「日本人の多くは、結論の出ない問題に対し、思考停止してしまう」と石田さんは指摘します。

　ここには言語化、カテゴリー化の良い面と限界が関わっています。動物はあまりにも多様な存在ですが、だからと言って「1つ1つ別々に扱わないといけない」と言って終わるのは思考停止です。ですから、野生動物・産業動物・愛玩動物といったカテゴリーに分けて考えようとします。実際、行政学者の打越綾子さんはそのような「仕切られた動物観」にもとづいて日本の動物政策が進められてきたと指摘しています。この仕切りについて石田さんは「カテゴリー化することは、われわれの選択肢を狭めること。しかし、実際には境界線を決めた途端におかしくなる」と言います。つまり、考えを進めるにはカテゴリー化が必要ですが、本来は多種多様な動物を強引にまとめますから、ある程度考えを整理したうえで、最終的には個別具体的に見直さないと納得できる結論は得られないのです。これは、議論によって可能なのは「ある程度の整理」という段階までで、すべての動物について納得できる結論を得るのはおよそ無理だということを意味します。私が第2章で QOL と安楽殺の問題は、究極的には個別具体的に考えるべきと述べた理由はこれです。

　言語化できない部分を認識する方法を「直観」と言いますが、個別具体的な関係性には直観によってしか認識できない部分を含むので、これを議論するのは究極的には不可能です。そもそも私たち人間は、言語化できる意識の部分と、

言語化困難な無意識の部分を抱えています。学問は言語で扱える領域をできる限り広げようという努力の蓄積ですが、言語化しないままで直観的に扱うのがアート（芸術・技）の世界です。言語化できなくても身についているものを「暗黙知」「経験知」、言語化できているものを「形式知」「概念知」などと言いますが、言語化できるのは氷山の一角にたとえられるほど、私たちの「知」は言語では語りきれないのです。だからこそ、動物園の飼育展示にはアートの領域が不可欠とも言えます。

　ずいぶんむずかしい話になりましたが、ここでは動物園が扱っている人間と動物の関係というのは一般論では語りきれないことを押さえておきましょう。そうなると大切なのは、自分はどのように関わるのかといった「距離の置き方」ということになります。これはけっきょく、人間関係と同じなのです。具体例を紹介すると、上野動物園の飼育員だった細田孝久さんは「木になったつもり」で自分からは手を出さないでいると、動物のほうから興味を示して臭いをかぎに来るので、それを待つと表現しました。

　石田さんは、日本の動物園は社会的な人気に甘えていると言っていました。ここで『「甘え」の構造』という有名な本を紹介すると、「甘え」は日本語特有の言葉で、英語には対応する言葉がないそうです。実際、「甘える」を翻訳ソフトにかけると「behave like a spoiled child（甘やかされた子どものように振る舞う）」といった印象の悪い表現になります。著者の土居健郎さんは「甘え」とは受身的な愛情の希求で、これが日本社会の骨格を形成していると言います。それが「義理と人情」の社会です。最近の言い方なら、明確な言葉になっていない「空気を読む」ことを重視する社会とも言えます。一方、「甘え」という言葉のない米国では、精神科の医師でさえも患者の隠れた甘えをなかなか察知できないというのですから、文化的な差とは恐ろしいものです。ここで重要なのは、この日本流の義理と人情の社会は顔の見える範囲の集団主義になりやすく、西洋流の普遍的なパブリックと自立した個人という精神が育ちにくいという土居さんの指摘です。

　これが明確な問題となったのが2015年にWAZAとJAZAの間で起きた水族館のイルカ導入問題です。これは、太地町のイルカ追い込み漁から動物園水族館にイルカを導入することを認めるか否かという問題でした（図5.2）。日本ではイルカを飼育する動物園が少ないので動物園と水族館の対立とも扱われ

ましたが、第3章で見た
ように欧米では動物園の
なかに水族館があること
も多く、イルカショーも
やっていますから、この
問題で動物園と水族館を
区分するのは本質的では
ありません（日本的では
ありますが）。じつは、
この節の最初で紹介した
ジェニー・グレイが『動
物園の倫理』の最後のほ

図5.2 太地町立くじらの博物館での鯨類（ゴンドウ）のショー。同館は「古式捕鯨発祥の地」としての太地町の地域振興のために1969年にオープンした。

うで、自分が導き出した結論が正しいかどうか検証するために使ったのがこの
話で、イルカ追い込み漁が良くないと言えるから自分の結論は大丈夫だという
展開になっています。これはグローバリズムの論理です。これに対して『おク
ジラさま　ふたつの正義の物語』という映画があり、監督の佐々木芽生さんは
同名の本も書いています。ここで言う「ふたつの正義」とはグローバリズム
（汎地球主義）とローカリズム（地域主義）です。水族館のイルカ導入問題は、
追い込み漁からのイルカ導入廃止を求めるグローバリズムと、継続を支持する
ローカリズムの対立だったのです。

　あらためて確認すると、先に述べたようにグローバリズムというのは言語化
して正当化することを求めますが、これには言語化できないものを扱えないと
いう限界がありました。一方、ローカリズムというのは土居さんが指摘した義
理と人情の世界なので、「空気を読め」といった圧力（同調圧力）が働いて、
仲間になれない人を排除（疎外）する傾向があります。グローバリズムとロー
カリズムは「ふたつの正義」というよりも、どちらにも限界のある姿勢と理解
すべきでしょう。

　ですから重要なのは、いかに両者の落としどころを探すかです。『大人のた
めの水族館ガイド』のなかで錦織一臣さんは、「やりすぎない、バランスをと
る、ほどほどにというスタンスは、生きものと持続的に関わりたいと願ってい
るものにとってじつは矜持としていなければならないこと」「妥協できる『ち

ょうどいい加減』で折り合いをつけていくことは肝要」と述べていますが、これは当然、動物園にもあてはまるのです。前述の養老さんも意識と無意識（人工と自然）を対置しながら「両者がうまく均衡する状態に落ちついたとき、いちばん安心できるのではないか」と言っています。人工的な都市空間が肥大化した現代、私たちは言語化しきれない自然との間でのバランスを手探りしなければなりませんが、ここで養老さんが語るのが「手入れ」です。里山や田んぼなど「きちんと手入れしていると、いつの間にかできてくるもの」が大切だという話で、これは学問でなくアートの領域です。

　あらためて水族館のイルカ導入問題を考えると、かなり悩ましい結論が導けます。まず、問題の本質が人々の心の傷つきやすさで、それをどう受け止めるかが大切という観点からは、十分に多くの人が納得できるのなら認められてしかるべきと考えられます。ただし、この際にはだれがどのように傷ついているのかが重要で、傷ついている人の存在が隠されているのであれば適切な判断はできません。たとえば、繁殖設備が不十分な施設には、生まれたイルカがうまく育たないことに傷つく飼育員がいないでしょうか。ここで、動物園とは志が高い施設の集団であることを思い起こせば、より傷つきやすい部分に寄り添って改善を追求すべきです。まして問題が動物の繁殖の成否であれば、プライドを賭けて成功できる環境を整えるべきと言えます。このような問題で正しいかまちがっているかと論じるのは不寛容や無理解を生んで良くないと考えますが、志を高く持って改善の努力を放棄しないことも不可欠だと考えるのです。

　最後に、じつは WAZA もその辺はある程度わかっているようだという話をしておきます。『世界動物園水族館動物福祉戦略』が繰り返し訴えているのは、動物福祉団体や外部の専門家と連携した「動物倫理福祉委員会」の重要性です。これは、外部の専門家を入れることで動物園水族館から責任を外部化する方法です。同時に、委員会という完全には開いてはいない形を取ることで、言語化しきれない個別具体的な問題にも対応できる余地が生まれます。WAZA のこの主張は、確かに悪くない方法なのです。

5.3　動物の実在の確認――子どもにとっての動物園

　前提を整理するために遠回りしましたが、いよいよ「ホモ・サピエンスが動

物園を造り、維持することにコストをかけているのはなぜか」という問いに取り組みましょう。ここでもう 1 つ問いを投げると、私たちはゾウと恐竜の違いをどのように認識しているのでしょうか。ゾウは絶滅危惧種で保護すべき動物で、恐竜はすでに絶滅した動物ですから、この両者を異なるものと認識することは重要です。

　すでに見たとおり、私たちの価値観は、寿命があり、知覚能力が肉体に制限されているというホモ・サピエンスの特性にもとづいています。とくに寿命という時間的制約は決定的です。私たちが負担するコストとは、それが税金という形であれなんであれ、私たちの時間の一部を提供していることに他なりません。しかも、このコストは「厳密な意味での人格」のみで負担するのですから、成人するまでの時間が長ければ長いほど負担は大きくなります。私たちの寿命は良くて 80 年くらいしかないのに、成人までに 20 年ほどもかけるのですから、子どもの育成だけでも私たちは相当大きな負担をしているわけです。この節では、そのような観点から動物園が果たしてきた役割を考えます。とは言っても、世界中の動物園を語るには材料が足りないので、基本的に考えるのは日本の動物園です。

　第 4 章で見たとおり、日本の動物園を利用してきたのは戦前から親子連れで、戦後復興期には「子どものため」に全国各地に動物園ができました。また、第 1 章で紹介した「日本人は一生に 3 回動物園に行く」という言葉のように、子どものときに家族連れや遠足で、親になって子を連れて、孫ができて 3 世代で、というのが典型的な動物園の利用パターンで、おおむね 5 歳以下の子どもがいるかどうかで来園頻度が大きく違います。そこでこの節では「子どものときに動物園に来ることに、どういう意味があるのか」を扱います。

　大きなヒントになるのは東京都の調査で「来園者が動物園・水族館へ求めているもっとも大きな役割は、"親が子に本物の動物を見せる場所"」で、「子どもがある程度本物の動物を見終えてしまった段階で、お役御免となっている傾向が強い」としています。北九州市で 2000 年に民営の到津遊園が閉鎖された際に活動した「北九州市に動物園を残す会」の総会でも参加者は「『自然』、『本物（実物）』、『教育』という言葉」を使って動物園の存在意義を訴えたそうです。

　両者に共通するキーワードが「本物」ですが、JAZA の教育方法論研究報告

書でこの意味を語ったのが発達心理学者の無藤隆さんです。無藤さんは「幼児はまず絵本で動物を知ってから現実のもの」に出会うので、動物園は「知っていることを確認する場所」であると同時に、「ある瞬間に生きものたちの実在感をふと感じること」で「生きている証に出会う」場だと言っています。たとえば子どもたちは「さわってみたり動物を抱くことで、重さや暖かみなどを感じ取る」ことで、動物が自分と同じように身体性を持つことを確認します。さらに重要なのは「完全に予知できない、しかしよくよく見ると階層的な法則性を持つという複雑で不思議な存在」だという点でしょう。このようにして子どもは「生物の多様性とその多様ななかに潜む意味性」を学ぶというのです。第2章で触れた「生きている証に出会う」ことが大切だという私の主張は無藤さんの言葉を借りたものですが、もう少し端的に表現すると「動物の実在の確認」と言えます。

　発達過程に沿って、子どもたちが動物園でなにを学ぶのか説明しましょう。最初にお見せするのは私の子が1歳になる前の写真ですが、私がこれを撮影したのは市役所職員のときでしたから、まさかこんな形で使うとは思ってもいませんでした（図5.3）。この子はトラを指さしているのですが、指さしというのは、親の反応を期待した人間特有の行動だそうです。発達心理学的には、言語獲得の前提となる「共同世界の構築」の段階とのことで、たしかに私はこのとき、「この子、トラを見て指さすんだ」と感心しながら写真を撮りつつ、「あれはトラさんだね。トラさん」などと一生懸命語りかけていたはずです。このようにして子どもは「トラ」という言葉やカテゴリーを習得します。目の前にいるリアルなトラは、絵本やテレビで見たトラとはだいぶ印象が違ったはずですが、それが「トラ」という同じカテゴリーに入るのだと、

図5.3　動物園でトラを見て指さしている子ども（0歳11カ月）。日本平動物園にて。このときに話せた言葉は「マンマ」くらいだった。

私は伝えていたわけです。

　なお、このとき、私はトラのほうはほとんど見ませんでした。そこは前年までの自分の職場でしたし、それ以上に自分の子どものほうが"未知の生物"だったからです。ともすると動物園関係者は、親は動物園に子どもを連れて来るけど動物を見ないとボヤくのですが、私に言わせればそれは無理からぬ面があります。子育てというのは毎日が未知との遭遇なので、自分の子どもを観察するほうがよほど重要なのです。

　次にお見せするのは1歳半くらいの写真で、母親のひざの上にいるウサギに、おっかなびっくり手を伸ばしています（図5.4）。ウサギのほうがよほど堂々としている印象ですが、このころの子どもにとって世界とは「つねに未知のものが生まれてくる」ところで、とくに動物園という場では次々と未知の存在や経験に出会います。この子も、知っていたはずのウサギという動物に目の前にどっしりと構えられて、ドキドキしたことでしょう。しかし、無藤さんによれば、子どもたちはすでに「世界を探索する自信ともっとも基本的な方法」を身につけています。その1つは自分の知識を活用することで、もう1つは大人の知識を引き出すことです。この場合、母親がひざの上に乗せて、さわるように促しているのですから、これはさわっても大丈夫らしいとわかります。かくして、おそるおそるウサギに手を伸ばしたわけですが、このころの子どもは「まわりの事物を見つめるひたむきな表情」をしているそうで、たしかにウサギを見つめる目は真剣そのものです。この際、子どもにとって重要な意味を持つのが「自分が○○したから、相手が○○した」という応答性です。このような応答性や身体性はテレビや絵本では確認できませんから、「親が子に本物の動物を見せる場所」としての動物園の価値はこのあたりにあると考えられます。このようにして動物の実在を確認するこ

図5.4　おそるおそるウサギにさわる子ども（1歳5カ月）。いしかわ動物園にて。

とは、子どもが現実世界と空想を区別できるようになるうえで大切なプロセスでしょう。動物園は飼育展示という「ウソ」のつけない形で、動物の実在を証明してきたのです。なお、動物園に求められる「ふれあい」も、単純に動物にさわることではなく、動物との相互作用による実在の確認と理解するのが適切です。そもそも「ふれあい」とは身体的な接触ではなく、心の話なのですから。

このように子どもたちは動物園という場を通じて、多様な動物が実在する世界を現実のものと認識します。ゾウはそのなかにおり、恐竜はいないのです。この際、ゾウやキリンといった動物の大きさや、ライオンやトラの迫力を体感することは、子どもたちが想像可能な動物の多様性の幅を広げるはずです。多くの人々が動物園に求めるのは、このような子どもにとっての「原体験」だと理解できます。忘れてならないのは、私たちの認知能力は肉体に制限されているので、1人1人がこのような原体験をしないと世界をきちんと認識できないことです。この世界に多様な動物がいて、それぞれが理解しきれない存在だといった感覚は、それなりに多様な原体験がないと得られません。鷲田さんが動物性を「理解可能な地平に引き入れるのではなく」「『ずっと気を遣う』経験を繰り返してゆくことがまずは必要」と言ったように、原体験なしに理屈だけでわかった気になっても、それはほんとうに理解したことにはなりません。

最後は7歳のときの写真で、木の杭の上でエサを食べるリスザルをじっと見つめています（図5.5）。最初は自分の手足すらしゃぶって確認していた子どもが、目の前に動物が実在するという確信を持って、距離を置いてじっと観察できるまでに成長したのですから、親としては感慨深いものがあります。この子は、リスザルに手を伸ばせばたぶん逃げるだろうけど、下手をすれば噛まれるかもしれないと感じていたかもしれません。これは動物の「階層的な法則性」の一例ですが、重要なのはリサ

図5.5　エサを食べるリスザルの背中をじっと観察する子ども（7歳）。日本モンキーセンターにて。

ルがなにをするかは相手次第だという認識で、だからじっと観察していたのでしょう。これは動物との「距離の置き方」の初歩的な事例ですが、それができるようになったのは、この子がそれなりの原体験を得たことを意味するはずです。そして世間一般には、このくらいの年齢で動物園を〝卒業〟します。

　もちろん、動物園関係者としてはここで〝卒業〟するのではなく、より深く動物たちや自然界のことを学んでほしいところです。無藤さんも「生きものとの関わりの問題を考えるうえでは、多くの人がこのような幼児期の関わり方のままでストップしてしまっていることが大きな問題」と指摘します。だからこそ、第 3 章で紹介したハミルファミリー・プレイズーでは遊びながら動物や自然と親しむというコンセプトを採用していました。ここでは、飼育員や獣医師の真似をして動物のお世話を学んだり、鳥やサルの真似をして動物を学びます。さらに自宅の裏庭にもあるような植物の世話を通じて、子どもたちの日常につなげることも忘れません。子どもたちの「澄みきった洞察力や、美しいもの、畏敬すべきものへの直感力」の大切さを説き、「『知る』ことは『感じる』ことの半分も重要でない」と主張したレイチェル・カーソンの『センス・オブ・ワンダー』は、この方面のバイブルです。

　「人間を超えた存在を認識し、おそれ、驚嘆する感性」は成長とともに鈍くなるとカーソンは語りますが、それでも忘れられないエピソード記憶として残る体験は少なくありません。動物との「距離の置き方」について私自身の体験を少し語ると、飼育実習などで感じたゾウの圧倒的な存在感（相手次第で自分は簡単に吹っ飛ばされる）や、ライオンを寝部屋に収容した後の運動場の居心地の悪さ（もしライオンが出て来たら……）は、動物園を語るうえでは相当に重要な感覚でしょう。これは飼育員が仕事をするうえで不可欠で、とくに類人猿などは気をつけるべきことばかりです。おそらく、「動物園に動物を閉じ込めて一方的に見つめるのは支配的行為に他ならない」といった主張をするのは、このような感覚がわかっていない人なのでしょう。それは、自分で動物を扱うことのない王侯貴族ならともかく、野生動物を扱う現場の感覚ではありえません。飼育員の鉄則の 1 つが鍵を掛け忘れないことで、家路に着いてから不安に襲われたり、鍵を掛け忘れた夢にうなされることもある仕事です。野生動物と向き合うというのは、そういうことなのです。

　動物園がいかにあるべきかという課題は 5.6 節以降に改めるとして、ここで

は従来の日本の動物園が果たしてきた役割の1つとして、子どもが動物を、しいては世界というものを「識る」ことがあると確認して、次節では親にとっての動物園の意義を考えます。

5.4 子育て支援——親にとっての動物園

　日本人の典型的な動物園の利用パターンは、子どものときに家族連れや遠足で、親になって子を連れて、孫ができて3世代で、の3つでした。親は、子どもに言われて初めて動物園に来るのではなく、物心つく前の子どもを動物園に連れて来ます。そこでこの節では「親が子どもを連れて来ることに、どういう意味があるのか」を扱います。

　その答えの半分は前節で紹介したとおりで、動物園は「親が子に本物の動物を見せる場所」という役割を担ってきました。ここで親が果たしていることを、無藤さんは「我々の文化がもつ世界への独自の認識の仕方と秩序化を子どもに与える」と表現しています。たとえば私たちは、動物をトラやウサギといった種に分けるという文化を持っています。動物園で私たちが何気なく子どもたちに伝えているのは、そのような私たちの文化なのです。この意味で、動物園はまちがいなく文化施設の1つです。文化施設というのは、なくても死ぬわけではありませんが、先人が築いてきた文化を受け継ぐために必要なものです。そのなかで動物園は、私たちが世界中の動物をどのように理解してきたかという文化を受け継いでいます。今となっては信じがたい話ですが、江戸時代の日本人はトラのメスはヒョウだと理解していたそうで、江戸時代も終わりごろの1860年に開かれたヒョウの見世物は「トラ」と紹介され、錦絵も数多く残っています。それは極端としても、地球上にどれほど多様な動物がいて、どのような生態をしていて、どの動物が絶滅の危機に瀕しているかといった認識を受け継ぎながら、その動物の飼育繁殖になにが必要かといった試行錯誤を積み重ねているのが動物園という文化施設です。

　もちろん多くの親は、それほど深く考えてはいないでしょう。むしろ前節で触れたように、子どもの新鮮な反応を見られる場だというほうが、親にはよほど重要でしょう。私も、トラを指さした子どもに感心したときと同様に、動物園に連れて行くたびに新しい反応を見られて楽しかったことを覚えています。

これは私の子が2歳半くらいの写真で、ベビーカーから降りて1人で先に歩いて行き、クイズ形式の解説板の答えをめくっているところです（図5.6）。この子がクイズの趣旨を理解していたとは思いがたいですが、「⑤」の板をめくると「ライオン」というカタカナと写

図5.6　クイズ形式の解説板をめくる子ども（2歳5カ月）。日本平動物園にて。

真があります。未就園児が文字に触れる機会はなかなか貴重で、動物園は子どもが自発的に文字に接する点でも「子どものため」になる場所です。私が動物園職員だったとき、動物名の表示にカタカナとひらがなが混じっていたので、全面リニューアルしてカタカナに統一したことがありました。動物名をカタカナ表記するのは標準ルールなのですが、これで私はクレームをいただきました。とあるお母様に「せっかくうちの子が、ひらがなを読めるようになって喜んでいたのに、読めなくなって泣いちゃったじゃないの」と言われたのです。このお母様は、子どもにひらがなを教える場として動物園を使っていたわけです。これは親による動物園活用術の1つですが、親は「子どもを育てる」ことを通して「子どもに育てられる」ことも見落としてはいけない事実です。子どもがひらがなを学習していたように、お母様もまた親として成長していたのであり、私は期せずしてその道具を奪ってしまったわけです。動物園は、わが子の新しい一面と出会い、その成長を感じると同時に、親としての自分が成長する場でもあるのです。

　子どもが自分から歩いてくれるようになると、他にもいろいろな効果が期待できます。動物園という空間は子どもが歩き回っても危険が少ないので、親は少し離れて見守っていればすみます。午前中に動物園に連れて行くと、歩いて疲れた子どもは午後、しっかりお昼寝してくれます。これは、家のなかや近所の公園よりもずっと楽です。これも親による動物園活用術ですが、見方を変えると動物園は「子育て支援施設」の役割も果たしてきたことになります。

　あらためて歴史的に説明すると、まず人々が動物園開設時に求めたのは「子どものため」の「家族連れのレクリエーション」でした。ここには、すでに紹介したように「親（とくに母親）が子を連れて行くため」の「親が子に本物の動物を見せる場所」という意味合いがあります。そのような動物園開設のために募金活動などを行なったのが「婦人会」つまり母親たちでした。戦後の動物園ブームの背景に1945年から女性が投票できるようになったことがあげられますが、そこには彼女たち自身がおもな利用者だったという事情があるのです。戦後すぐの困難な時代でしたから、「母親のため」に動物園を造れとは言いにくかったでしょう。このころから使われたのが「子どものため」という言葉だったのです。

　「子育て支援」という言葉ができたのはずっと後で、1994年に文部省・厚生省・労働省・建設省が連名で方針を発表しています。この基本的方向の1つが「子どもの健全な成長を支えるため、遊び、自然とのふれあい、家族の交流等の場、（中略）、社会教育施設、文化施設等を整備する」ことですが、これは従来から動物園が果たしてきたことに他なりません。この方針は「家庭における子育てを支えるため」に策定されましたが、核家族化などによる子育て負担の問題は1970年代から育児ノイローゼなどと指摘されていました。当時は「子育て支援」という言葉がなかったので、「子どものため」や「家族連れのレクリエーション」と表現されたのです。育児ノイローゼ対策という意味では、動物園の「癒やし効果」という話もできます。ここには動物を見て癒やされるだけでなく、子育てからのちょっとした解放感や、わが子の新しい一面を発見して愛おしさが増すといった効果もあるでしょう。なお、「癒やし」という言葉が使われ始めたのも1990年ごろからで、1970年代には「人間性の回復」と表現されました。

　このように考えると、幼い子どもと親（とくに母親）が利用者の中核で、小学校の半ばで"卒業"してしまうのに、動物園を使わない人も税金投入を容認しているという状況がよく理解できます。私たち人間は寿命を自覚するので、それなりの年齢になると社会や家庭に対する使命感を抱きます。典型的なのは親としての責任感ですが、それだけでなく社会人として、大人（成人）としての責任感を抱くのです。ですから、動物園が子どもや親（とくに母親）の役に立つのであれば、税金投入などの形でコストを負担するのも悪くないどころか、

大いに結構だと感じる人も少なくありません。これは、高齢者にとっての動物園を考えるうえできわめて重要なポイントなので、次節であらためて説明します。

5.5　思い出の世代間継承——高齢者にとっての動物園

　日本人の典型的な動物園の利用パターンの3つめが「孫ができて3世代で」でした。第1章で見たように、50代は子どもが動物園を“卒業”しているので来園回数が減りますが、動物園への関心は維持しており、孫ができる60代には来園回数が増えます。この節では「高齢者にとって動物園にはどういう価値があるのか」を扱います。

　わかりやすい事例として、開園50年を迎えた札幌市立円山動物園に寄せられた札幌市民・川波京子さんの文章があります。川波さんは開園当初、中学生だったころの思い出を語ったうえで「それ以来、幾度となく訪れた動物園は、そのたびに大きく、立派に成長し続け、わたしの青春期の喜び、悩みを包み込んでくれた。後年、母となってからも子供と共に、時には友人家族と連れだってみんなでキリンの舌の黒さに驚いたり……」と書いています。そして、「小さい頃、動物園に足繁く通った娘も、平成十年長女が生まれ、母となった。このさき彼女たちはどのように動物園とかかわっていくのだろう」「ともあれ、娘と孫との思い出に、動物園は欠かせない存在となるだろうと思っている。わたしを含め、多くの人々にとってそうであったように」と結びます。川波さんが語った心情は、まずは自分の思い出の場としての動物園でしたが、自分が祖母となったとき、思い出の主体は娘と孫に替わり、自分がいなくなっても動物園が「思い出に欠かせない存在」となることを期待しているのです。第2章で博物館の経営戦略で「家族の思い出のシーンにミュージアムの思い出が欠かせない一場面になれば大成功」と紹介しましたが、動物園は自分と家族の思い出の場であるだけでなく、自分が死んだ後も人々の思い出の場となり続けるという意味で「思い出の世代間継承」を担っていると言えます。

　高齢者が動物園に寄せるのはこのような期待だと理解できるのですが、ここでエリクソンのライフサイクル論を紹介します。米国の発達心理学者エリク・エリクソンは、人は生涯にわたって発達し続けるというライフサイクル論を唱

えました。みなさんも「アイデンティティ」という言葉はご存じだと思いますが、この考え方を整理したのがエリクソンです。じつは、ここまでに見た子どもや親にとっての動物園の意味を考えるうえでもこの理論を意識していたのですが、とくに壮年期から老年期となると私を含めて経験のない人には想像しにくいので、理論から入って解釈する手法が有効です。エリクソンの理論は多くの研究者によって深められていますが、それによれば人生の最終段階のテーマは自己統合（統合性）です。これは「人生の総まとめをしながら、さらに残された人生に関心を向けていく」ことで、「『死』を前にして淡々と自分が選択した残りの人生を生きていく」ことが求められます。「死の受容」とも呼ばれる課題で、このときに重要なのは「自分が残していくものを引き継ぐ次の世代を信頼する」ことです。先ほどご紹介した川波さんもまた、娘や孫といった次の世代を信頼しながら、残していくものの１つに動物園を位置づけていたのです。

　あらためて、高齢者が３世代で動物園に来ることにどういう価値があるのかと考えると、たとえば鑪 幹八郎さんは「私たちは次の世代と関わることによって、成人としての自己が活性化される」と言っています。親が子育てを通して子どもに育てられていたように、祖父母も親（となった自分の子）や孫と関わることで活性化され、人生最後のテーマである自己統合に向けて発達していくのです。実際には60代くらいならまだまだ元気ですから、もっと単純に孫と関わるのは楽しいし、親となったわが子を手助けしたいといった気持ちが強いかもしれません。ただ、その経験が「いい人生だった」と思える材料になるのなら、これは自己統合に向けた発達と言えるのです。

　これは、子どものいる人に限った話ではありません。「子どものため」という言葉は、裏を返せば「次世代のため」という意味ですから、動物園が「子どものため」に役立つのなら、動物園はあらゆる成人に対して「次世代への貢献」の機会を提供していると言えます。先に紹介した北九州市の動物園存続運動はその典型ですが、動物園を使わない人が税金投入を容認するのも同じ理由と理解できます。

　このような高齢者の気持ちが、動物園への遺贈寄付という形で現れることがあります。とくにわかりやすい例として旭山動物園の第２こども牧場では、解説板に遺贈寄付者の名前とともに「私のようなものでも一生懸命努力をすれば、社会に貢献することができる。次代をになう子供たちにこのメッセージを残し

てほしい」と掲示しています（図5.7）。思い出の世代間継承を担う動物園は、自らの生きた証を次世代に遺すにあたってうってつけで、人生最後の選択肢の1つになりうる価値を備えた場なのです。このような遺贈寄付を計画することも老年期の幸福感に寄与し、自己統合に向けた重要な材料になることは言うまでもありません。第3章でチューリッヒ動物園の施設リニューアルを支えるのは遺贈寄付だと話しましたが、その背景にはこのような事情があったのです。

　ここまで、日本の話を軸に動物園が果たしてきた役割を考えました。これらはすべて人間が寿命を自覚し、世代交代の

この「第2こども牧場」は本市豊里出身の中村正則さん（1925~2005）から御寄附いただいた1億円の1部を充てて建設しました。
　中村さんは小学校を卒業後、大変な苦労と努力を重ね、物産販売事業を拡大し、成功を収められました。
　中村さんは亡くなる直前「私のようなものでも一生懸命努力をすれば、社会に貢献することができる。次代をになう子供たちにこのメッセージを残してほしい。」とおっしゃっていました。

図5.7　旭山動物園「第2こども牧場」にある遺贈寄付の掲示板。

重要性を意識しなければ理解できないものです。この意味で、日本の動物園は生老病死という人間の内なる自然を前提とすることで有意義と言えます。当然、同じことが世界的にも言える可能性もあります。そこまで広げるには材料が足りないのですが、「ホモ・サピエンスが動物園を造り、維持することにコストをかけているのはなぜか」という問いに対して、少なくとも日本ではこのように答えられるのです。

　しかし、これは「動物園は必要なのか？」という問いに対して十分な答えになったでしょうか。私はそうは思いません。これらはあくまでも人間のために動物園が役立ってきたという話です。一方、動物園に対する反対論は「人間のために役立つからと言って、野生動物を飼育展示して良いのか」という問いから始まります。私たちが人間である以上、私たちがなにをすべきか考えるうえで、この問いがどの程度妥当なのかは検討が必要ですが、これに向き合って切磋琢磨してきたことが世界の動物園の進歩を促し、日本とのギャップを生み出してきたのも事実です。もう1つ、私たちは将来世代を不幸にしていないかも気にかけなければなりません。だからこそ、動物福祉と保全が動物園の二大テーマになるのです。そこで次節では、5.1節で見たコスト負担の問題を資源配

分という観点から整理したうえで、日本の動物園がいかにあるべきかという結論に進みます。

5.6 人間の資源配分の方法と限界

　前節までは、子ども・親・高齢者のそれぞれに動物園が果たしてきた役割を見ました。それはたしかに有意義なのですが、動物園が考えるべきはそれだけではありません。第2章で紹介したように、石田さんは日本の動物園の経営上最大の問題を「自主的運営をした事例がほとんどないこと」と指摘しました。それは、役所の当局や営利企業の論理に支配されているという意味です。これに対して、第3章で見たように欧米ではNPO・NGOの先進動物園が業界を牽引してきました。このような牽引役となるNPO・NGOの動物園が存在しないことが、日本が欧米に遅れを取っている大きな要因と考えられます。長く上野動物園の園長を務めJAZA会長でもあった浅倉繁春さんは「末端組織の動物園の問題点がトップに理解されるには、たいへんに複雑でむずかしい」と嘆いていました。日本の動物園を牽引する上野がこれですから、問題は深刻です。

　ここで、役所や営利企業とNPO・NGOとの違いを経済学の理論から整理します。お金に限らず、世の中の経営資源は大きく3種類に分けられます。これは、私たち人間は自らの資源をどのように配分できるのかという話で、動物園から見ればどのように経営資源を調達できるかという話になります。なお、経済学はお金という単位で考えますが、私たち人間は1人1人が自分の時間という資源をどう配分するかという課題とつねに向き合っています。お金と時間は簡単に換算できませんが、いずれも世の中にとっての資源であり、私たちにとってのコスト負担の問題とご理解ください（時間のほうが価値の源泉で、価値として換算されたものがお金と理解できるはずです）。

　1つめは「市場の原理」による自発的な価値の交換です。これは価値のあるものに対価を払うという話で、営利企業はこれをベースに活動します。動物園の場合、入園料や駐車料、売店・食堂などの利用者負担はこのタイプで、民営動物園は基本的にこの論理で動いています。しかし、市場の原理だけでは世の中はうまく回りません。道路や公園のように、だれも対価を払わないものを提供してくれる人がいないからです。これを経済学では「市場の失敗」と呼びま

すが、失敗というよりは限界と理解したほうが良いでしょう。

　そこで登場するのが 2 つめの「政府の資金」です。政府は税金を集めて、人々が必要とする道路・公園・上下水道などのインフラや、義務教育や社会的弱者への福祉などのサービスを提供します。どのようなインフラやサービスが必要かは、議会などの承認を得て決めるので、これはいわば「承認された公益」を提供する仕組みです。上野動物園を含む多くの日本の動物園は、この仕組みをベースとして自主財源の不足分を基本的に税金で賄っています。ところが、ここにも官僚制や民主主義の限界などの「政府の失敗」と呼ばれる限界があるのです。なによりも重要なのは税金が有限で、それを配分するための時間も有限だということでしょう。この点については後であらためて確認します。

　政府の資金で提供できるのは「承認された公益」までなので、それで提供しきれない「未承認の公益」を実現するには、別の仕組みが必要です。「市場の失敗」と「政府の失敗」という 2 つの限界を乗り越えられるのが、市場の原理でも政府の資金でもない「善意の資金」で、その典型が寄付です（図 5.8）。これは経済学の理論なので資金と言いますが、ボランティアなど時間を提供するのも同じタイプです。米国の動物園ではボランティアの活動時間をお金に換算して「去年は○○ドル分のボランティア活動がありました」と報告します。第 1 章で、日本の動物園の成長を支えてきたのは職員のボランティア精神だと話しましたが、これもやはりこのタイプなのです。これら「市場の原理」「政府の資金」「善意の資金」という 3 種類の資源は、「自助」「公助」「共助」という表現にも重なります。

　善意の資金を集める手法がファンドレイジングです。ロンドン動物園以降、欧米の先進動物園が NPO・NGO として成立したことは第 4 章で述べましたが、日本の動物園では善意の資金を集める仕組みが発達していません。別に、NPO・NGO でなければ善意の資金を集められないわけではなく、京都市動物園のように寄付をきっかけにできた動物園もありますし、1960 年代くらいでは寄付に支えられていた動物園もありました。2000 年以降、到津の森公園や旭山動物園のように基金を設けて寄付を受け入れる動物園も増えましたし、最近は目標を提示して寄付を集めるクラウドファンディングも増えました。それでも、第 3 章で見たように日本は欧米に比べると政府の資金（税金）と善意の資金（寄付等）をミックスして使う仕組みが発達していないのです。実際、

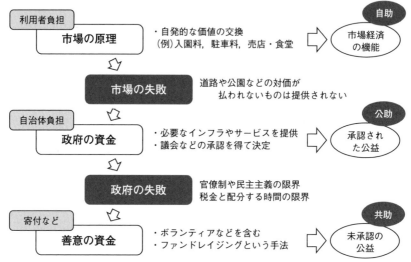

図 5.8　3種類の資源配分の方法とそれぞれの限界。

日本でこの2種類のお金を恒常的に入れながら経営してきたのは、私立大学などの学校法人と、指定管理業務を請け負っている NPO 法人くらいではないでしょうか。

　ここで重要なのは、善意の資金を集めるには労力がかかるので、その人件費をどうするかです。第3章で見たように米国の動物園には多くのファンドレイザーがいますが、その人件費を税金で賄っている事例はありませんでした。ファンドレイザーは自らの給与は自分で稼げなければプロとは言えない仕事ですから、税金で雇用すべき公務員ではありません。となると、公務員で組織する直営の公立動物園の場合、善意の資金を集めるためにかけられる労力はごく限られます。この点、クラウドファンディングは広告料や委託料という形で人件費が外部化されるので動かしやすい面があります。ただし、これだけでは第2章で紹介したドナーピラミッドは構築できません。ドナーピラミッドの底辺を広げるには有効なのですが、持続的な取り組みには顔の見える信頼関係（社会関係資本）づくりが必要なので、どうしても手間暇がかかるのです。一方、指定管理者の場合は、2つの大きな制約が働きます。1つは、多くの指定管理者が役所の外郭団体なので、雇用できる職員数を役所に管理されていることです。もう1つは、そもそも指定管理者は施設リニューアルなどの長期計画を立てら

れないので、ファンドレイザーがいても大きな仕事はできないことです。これらの点で、指定管理者よりも独立行政法人のほうがうまく機能する可能性があります。

　あらためて役所の限界を確認すると、まず重要なのは税金が有限だという単純な事実です。これは、必要なら増税できる場合には大きな障壁ではないのですが、日本はとても増税しにくい国で、とくに自治体が独自に増税できる余地はほとんどありません（この点は米国のほうが柔軟です）。税金が有限であることは、公益性を認めても税金を投入できない結果を生みます。平たく言えば「わかるんだけど、お金がないんだよ」という話で、実際に私は市役所にいたときにこのセリフを耳にタコができるほど聞いて、財政当局は仕事がキツそうだから絶対に行きたくないと思ったものです。

　財政当局の仕事がキツくなるもう1つの理由は、予算を配分するための時間も有限なことです。役所のなかでの予算配分のプロセスを見ると、まず動物園を含めた各部局がそれぞれの公益性を主張して予算を要求します。財政当局は全体の優先順位を調整し、予算をつける事業を整理して、最終的には市長や県知事（首長）が予算案を調整して、議会の承認を得ます。この際の最優先事項は年度内に予算を成立させることで、失敗すれば役所の仕事が止まるので財政当局の仕事は時間との闘いです。一方の各部局はそれぞれの公益性を主張しますが、どの公益性がどれほど重要か定量化して予算を配分するなんて芸当はだれにもできません。だからこそ、選挙で選ばれた首長が調整して議会の承認を得るという政治的プロセスがあるのです。けっきょく、現実の予算配分において重要なのはいずれの公益性がより高いかといった判断よりむしろ、税金や時間などの制約のなかで落としどころを見つける作業なのです。言ってみれば、予算争いとは他部局という顔の見えない相手との綱引きで、各部局は自らの公益性を信じてひたすら綱を引くわけですが、綱の中央にいる財政当局にできるのは、せいぜい落としどころを探す作業だけなのです。ただし、この話には少し例外があります。財政当局の仕事の1つに“首長に花を持たせる”ための重点政策予算の確保があって、動物園ができるときや大規模リニューアルの際には、これが物を言うことがあります。市長が替わったことでリニューアルが動き出した旭山動物園や、市民運動を受けて公営化された到津の森公園などは、そのような事例と理解できます。

　このような限界は、役所のなかにいる人間のほうがよくわかっています。先ほど紹介した「自助」「公助」「共助」という言葉も「公助には限界があるから、住民自身による共助を考えてください」と役所が訴えるために使われます。第4章で、税金でみんなが住みやすい社会をつくる「福祉国家」の構想がオイルショックで挫折して、増税なき財政再建の時代に入ったと述べましたが、今の世界的な潮流は、税金でできない部分はみんなで助け合ってもらう「福祉社会」の実現です。人口減少が確実視される日本ですから、役所は税収が減る前提で考えます。子どもが減れば学校も縮小しますし、道路（とくに橋やトンネル）の補修も大きな課題です。これからの役所は新しいインフラやサービスを提供することよりも、今まで提供してきたものをいかに維持するのか考えざるをえないのです。

　そのような流れのなかでNPO法人という仕組みができ、公益法人制度改革があり、2011年には寄付税制の改革がありました。これは「新しい公共」「共助社会」などと呼ばれる流れで、要するに役所が担いきれない部分をやってもらう仕組みづくりです。NPO法人や公益法人はその担い手として期待され、その財源確保のために寄付税制が改革されました。この寄付税制改革によって、日本では公益財団法人や公益社団法人、認定NPO法人などに寄付すると、米国よりも充実した税控除を受けられるようになりました。以前は「米国は税控除があるから寄付が集まるけど、日本では無理」などと言われましたが、今や状況は逆転したのです。簡単に説明すると米国の税控除は寄付額の100％が所得から控除され、所得税率分の税金が安くなる仕組みなので、最終的にどれだけ税金が減るかは税率によります。一方、日本では所得税だけで寄付額の40％、住民税も合わせると最大50％も税金が減るのです。所得税率が40％なんて人はそういませんから（米国では最高でも40％未満）、明らかに日本のほうがお得です。ただ、まだ新しい仕組みなので気づいていない人が多く、活用するには動物園側から積極的に情報提供しないといけません。第2章で見たようなドナーピラミッドを構築するためにも動物園側の体制が必要なのですが、それが整っていないのが日本の現状なのです。

　以上この節では、コスト負担の問題を考える前提として、私たちの資源配分の方法と限界、そして日本の現状を確認しました。問題は、このような仕組みをふまえたうえで動物園をどうするかです。そこで次節からは、いよいよ保全

や動物福祉といったテーマと向き合い、ほんとうに動物園はそれらを担うべきなのかを考えます。

5.7　なぜ動物園は保全を訴えるべきなのか

あらためて「動物園は必要なのか？」と考えてみましょう。

その答えの1つは、すでに見たように動物園は私たち人間が世界を理解するための文化施設だということです。私たちホモ・サピエンスは、世界中のことを知りたくて仕方のない動物です。どこまでも理解したいと思わずにいられない人間の特性を「理性の本性」と呼ぶこともありますが、そういった人間の特性が動物園という文化施設を造らせ、維持させてきました。私たちが子どもに世界の認識を伝えたいと思うのも、この特性によるものでしょう。

同時に、私たちは世界の状況を理解しないではすまされない状況にいます。世界人口は2020年時点で約80億人ですが、国連の推計では2100年には110億人に達し、その後もアフリカでは増え続けると予測されています。1900年には20億人もいなかった人間が200年間で5倍以上に増え、確実に野生動物の生息地を破壊しています。「地球1個分の暮らし」とも言われますが、私たちが直面しているのは、110億人もの人間が1つしかない地球の上で持続的に生活できる世界の構築という途方もなく大きなテーマなのです。そのような場面で動物園は必要でしょうか。あるいは、なにをすべきでしょうか。

はっきり言えるのは、この状況から目をそむけると、野生動物はもとより私たちの子孫の生活が重大な危機に襲われかねないことです。今、多くの日本人が都市で生活していますが、そこで私たちが豊かに暮らせるのは、きれいな水や酸素、十分な食料などが供給されているからです。水をきれいにしているのは日本の山々で、微生物や植物、動物を含む生態系が大切な役割を担っています。そして、私たちの食料などは世界各地の大地や水に依存しています。私たちの暮らしは地球の生物多様性によって支えられていて、これは「生態系サービス」と呼ばれます。

たとえば、油は栄養素として不可欠なだけでなく、洗剤などの原料にも使いますが、その多くを賄うのがパームオイルです。アブラヤシという木の実から採れる油で、面積あたりの生産量も大きいのですが、東南アジアでは熱帯雨林

がアブラヤシ農園（プランテーション）になって、オランウータンなどの生息地が減っています。そこで、第２章で紹介したボルネオ保全トラスト・ジャパンBCTJなどが活動しているのですが、彼らはパームオイルを使うなとは言っていません。油は人が生きるうえで不可欠ですし、現地の人々の生活、たとえば子どもを学校に通わせるにも現金は必要なのです（小さな村には学校がないので下宿させたりします）。しかし、移住労働者や児童を低賃金で雇用する悪質な農園や、農園にすべきでない土地もあります。ですから、パームオイルにはRSPOという認証制度があり、日本でもサラヤなどの企業が参加しています。これからの時代に向けて、私たちはこのような仕組みを構築しなくてはなりません。それが「持続可能な開発」です。

　重要なのは、動物園には生物多様性の危機をいち早く察知し、人々に知らせる能力があることです。少なくとも欧米の先進動物園は確実にそのような役割を果たしていますし、BCTJに動物園関係者が多く関わっているのも無縁ではありません。ここには動物園の２つの特徴が関わっています。

　１つは、地球の片隅で有名でない動物が絶滅の危機に瀕しても多くの人には直接関係ないですが、動物園関係者には無視できない話になりうることです。これは、飼育展示できる動物の幅に影響する面もありますが、心情的に無視できないという理由のほうが大きいでしょう。なにしろ動物園関係者には野生動物好きが多いのですから。たとえば、アフリカ大陸の南西にあるマダガスカル島はキツネザルなど独自に進化した固有種の宝庫ですが、森林破壊が激しく絶滅危惧種ばかりになっています。そこで各国の研究機関や動物園が結成したのがマダガスカル野生動植物グループ（略称MFG）で、日本では上野動物園が参加しています。上野には「アイアイのすむ森」というマダガスカルの動物を飼育展示するエリアがあるからです（図5.9）。

　もう１つは、動物園は多くの人が訪れるうえ、報道機関の注目度も高いので、通常の研究機関などより発信力が格段に高いことです。マダガスカルの動物研究者の名前をあげろと言われたら困る人は多いでしょうけど、上野動物園を知らない日本人は少ないでしょうし、そこでアイアイを見た人もかなりいるでしょう。このように動物園には、私たちの社会のなかで生物多様性の危機にいち早く気づくうえに、発信力も兼ね備えているという特徴があります。言ってみれば、生物多様性危機に対する動物園には、毒ガスに対する警報器のような機

能があるのです。さらに
警報を鳴らすだけでなく、
域外保全や環境教育とい
った形で保全に貢献でき
る救難装置としての機能
もあります。

　環境保全の分野には
「Think Globally, Act Lo-
cally（グローバルに考
え、ローカルに行動せ
よ）」という有名な言葉
があります。5.2 節でグ

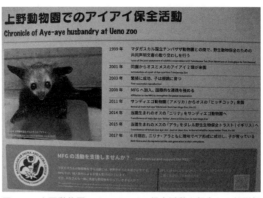

図 5.9　上野動物園でのアイアイの保全活動を紹介した解説板。MFG（マダガスカル野生動植物グループ）への支援も呼びかけている。(2017 年撮影)

ローバリズムとローカリズムの対立を扱ったように、動物園はこの両者に関わる場です。だからこそ対立も浮き彫りになりますが、志を高く持つためには解決に向けた取り組みこそ重要です。具体的には、世界各地で起きている問題を動物園のある地域の人々に知らせ、保全のためにできることを提案し、参加してもらうといった活動が考えられます。

　しかし、現在の日本の動物園はその可能性を十分に発揮しているとは言いがたいでしょう。ここには前節で見た役所の仕組みが、動物園の機能を制限している側面があります。みなさんは、マダガスカルの絶滅危惧種を保全するために、東京都の税金を投入すべきだと思いますか。じつは東京都くらいの大規模自治体になると YES と言える可能性もあるのですが（これは「都市格」といった話です）、普通の自治体では答えは NO です。役所の仕事は法律が決めていますが、環境省の種の保存法は国外の希少野生動物を積極的に守るところまで踏み込んでいません。ですから、動物園がマダガスカルの動物保護のために予算要求しても、財政当局が認める可能性は低いのです。このような状況をふまえ、JAZA の広報戦略会議に参加した木下直之さんは「動物園がこれからもなお外国産の希少動物を展示する場であろうとすれば、地球規模での野生生物保全活動への参加が欠かせないが、それは地方公共団体の行政サービスのスケールをはるかに超えている」と指摘しています。

　念のために言っておきますが、これは日本の役所が悪いという話ではありま

せん。動物園は、他の人が気づいていない生物多様性の危機を察知して周知できます。しかしこれは、他の人が気づいていないので必然的に「未承認の公益」になって、役所の守備範囲を超えるのです。このような未承認の公益を訴えて改善を求める人をアドボケイターと言いますが、役所がそれを全部引き受けたら税金がどれだけあっても足りません。

　ここで新しい時代を切り拓くイノベーションの理論を紹介すると、最初に動き出すイノベーター（革新的採用者）は人口のわずか2.5％で、冒険的な変わり者と言われます。アドボケイターは、社会の改善を求めるイノベーターの一種です。そのようなイノベーターの試みがあって初めて、思慮深い成功者として尊敬されるアーリーアダプター（初期採用者）が動きます。そういった人々に引っ張られて過半数の人が動くことで、時代が変わるのです。この点、欧米の先進動物園は野生動物保全のイノベーターであり続けてきました。一方、民主主義の政府は時代の動きを見極めるべき立場にあります。アドボケイターは本来的に政府より先に動くことに意味があり、それはNPO・NGOの役割なのです。先ほど紹介したBCTJも認定NPO法人として、生物多様性の危機を訴え、保全を推進しています。そもそも、オランウータンやアイアイのような動物たちは危機に陥っても声を上げたり、合意形成に参加することはできません。アドボケイターが声を上げなければ、問題があることすら見過ごされてしまいます。

　ここに、役所に管理される日本の動物園が欧米の先進動物園に追いつけない構造的な原因があります。これが重大なのは、たんに遅れているのではなく、根本的に果たすべき役割を果たせないでいることを意味するからです。ここから浮かび上がる課題は、日本の動物園が欧米の先進動物園のように生物多様性保全のアドボケイターとして持続可能な開発を積極的に推進するためには、どのような構造改革が必要かという問題です。この話は5.9節で扱うとして、次節ではもう1つのテーマである動物福祉について考えなおします。

5.8　動物園は動物福祉とどう向き合うべきか

　私たちが地球上で暮らし続けるために動物園が重要な役割を果たしうるとしても、動物園が存続するのなら、追求すべき未承認の公益は保全だけではあり

ません。真っ先に問われるのは動物福祉です。なぜ私たちが動物福祉にコストをかけるべきで、どこまでやれば良いのかを巡ってはいろいろな議論がありますが、私なりの答えは「そうしないと私たちが心理的に負担を感じるから」です。動物の不幸は私たちの心を傷つけるのですから、私たちが動物福祉のコストを負担するのは、私たち自身の心理的負担を軽減するためと理解するのが、整合性が取れると考えるのです。

　ただし、どこまでやれば良いのかを決めることはできません。コスト負担はそれぞれの社会情勢に依存する問題なので、世界共通で定めるのは無理があります。科学としての動物福祉はコストを度外視して発展しますから、そのすべてを実践するのは不可能です。現実の動物福祉を考えるには、まず、組織としてどれだけの経営資源を投入できるかが問題で、次に、現場でどこまで実現できるかが問われます。5.6節で見た資源配分の方法を思い起こせば、政府の役割以上の改善を模索するなら、職員のボランティア精神も求められます。ただし、公務員の場合は職員のサービス残業を防ぐ責任が管理職にあります。動物福祉のあくなき追求も未承認の公益なので、役所の論理とは相性が悪いのです。

　ここでもNPO・NGOの動物園の優位性が出てきます。経営学は、組織の安定性を重視するので、文書化、分業の徹底、指揮命令系統などに特徴づけられる官僚制（ビュロクラシー）を基本とします。これを支えるのは報酬などの外的なモチベーションを使った科学的管理法で、仕事は楽しくないことが基本なので、職員のボランティア精神は重視されません。これに対し、NPO・NGOは最初から寄付やボランティア精神を拠り所にした組織で、仕事のやりがいといった内発的モチベーションがなければ成り立ちません。ボランティアの専門家である早瀬昇さんは、ボランティア活動は「がまんできなくて始めるもの」と言っていますが、動物福祉の追求にもまちがいなくそういう側面があるのです。さらに、内発的モチベーションや仕事のやりがいを重視することは、スタッフやボランティアなどで関わる人の幸福にもつながります。やりがい搾取になっては元も子もありませんが、きちんとやれば人と動物双方の幸福を増すことにつながるはずなのです。

　同時にこれは倫理の話にもなるので「徳倫理」という考え方を紹介します。これは古代ギリシャのプラトンやアリストテレスに遡る思想で、簡単に言うと「徳のある人ならどうするか」と考えて行動しようという考え方です。「徳」と

はなにかといった議論はいろいろありますが、なんらかのルールをあてはめれば正解が導けるといった単純な構図で片づけようとしないことは重要でしょう。これを、5.1節と5.2節で話したことをふまえて、動物園にあてはめるとなにが言えるでしょうか。

　あらためて整理すると、動物とは人間には「理解しきれない存在」で、動物園には「ずっと気を遣いながらともに生きていく」努力が求められました。動物園とは、理解しきれない存在との関係を取り結ぶ場なのです。そこには言語化して考える限界もありました。本来は限りなく多様な動物ですが、強引にでもカテゴリー化しないと考えを進められないので、ある程度考えを整理したうえで個別具体的な関係性を見つめなおさないと納得できる結論は得られません。この個別具体的な関係性には直観でしか認識できない部分を含むので、動物園の飼育展示には言語化できない部分を扱うアート（芸術・技）が不可欠でした。けっきょく、動物園に問われるのは、妥協できる「ちょうどいい加減」で折り合いをつけるという個別具体的な「距離の置き方」なのです。それは、けっして簡単なものではありません。旭山動物園で長年、飼育をやってきた中田真一副園長は「試すことの7割は失敗ですよ。でも、だから楽しいんです」と語っており、それを受けて経営の専門家である遠藤功さんは「挑戦した結果の失敗については寛容な文化」や「失敗を受け止め、なお前に進む強さ」が重要だと指摘しています。

　そのような場合の「徳のある人」とはいったいどんな存在でしょうか。じつは、これを模索し続けることこそ大切で、私たちの徳を育むことにつながるというのが徳倫理の1つの考え方なのです。人と動物の関係は個別具体的で、さまざまな感情を引き起こしますから、簡単に一般論にはできません。しかし、だからこそ動物園で行なわれているさまざまな努力は、私たち1人1人が、そして共同体が人間と動物の関わりにおける「徳」とはなにかを考える題材となりうるのです。そこには、見習うべき部分だけでなく、批判されるべき部分もあるかもしれません。しかし、動物園のさまざまな努力を積極的に人々に提示し、その妥当性を一緒に考えていくことは、動物園を含めた地域社会にとって自らのあり方を見直す機会を提供する意義があります。人間とイヌの関係の矛盾を指摘したハラウェイは「他者を知ろうとつねに探索し、その探索のなかで、不可避に悲喜こもごものまちがいを起こしていくことに、わたしは敬意を惜し

まない」と言っていますが、これはイヌに限らずすべての動物にあてはまるでしょう。

　これは、前節で扱った保全にも同じことが言えます。第 2 章で紹介したようにライチョウの保全では、孵化したヒナをより多く成長させるための試行錯誤が必要でした。重要なのは失敗しないことではなく、同じ失敗を繰り返さないための努力であり、動物園の飼育繁殖技術とは、そのような努力の積み重ねに他なりません。相手が理解しきれない存在であり、その関係には言語化できない部分がある以上、言語によって結論を導くのではなく、5.2 節で紹介した「手入れ」のようにつねに気をかけることで「いつの間にかできてくるもの」を大切にすることが必要です。この意味では「最善の方法は、実践し、議論すること」というより、「実践し、改善を怠らないこと」と言えるかもしれません。

　あらためて「徳」を考えると、動物園は、個別具体的な動物との関係を模索しながら、人間と動物との関係全般を少しずつ改善するために、動物園自身の努力を、考える題材として提供できるのです。もちろんこれは諸刃の剣で、人々に考えてもらう機会を提供すると同時に、動物園が批判される材料を提供することにもなります。だからこそ動物園には、まず動物園自身がしっかり努力し、より良い関係を追い続ける姿勢が求められます。ですから、あくなき努力が求められるという話には違いないのですが、少なくとも現状のなかでやれることをやっているのなら、胸を張ってそれを発信すること自体に意義があるのです。「徳」というのは共同体内部での実践を通してしか学びとれない側面があるという指摘もあり、この意味で動物園での取り組みは、その共同体にとって意義ある実践に他なりません。いずれにせよ、動物園とは「志の高い野生動物展示施設」なのですから、つねにより良いあり方を目指して改善を怠らないことは当然とも言えます。

　理屈っぽい話が続いたので具体例を 2 つ紹介すると、まず市民 ZOO ネットワークのエンリッチメント大賞は、実際に日本の動物園などが行なっている良い事例を表彰するものです。ここで表彰されるのは、さまざまな制約のなかでより良い関係を実現した事例ですが、重要なのは表彰の候補を公募したうえで、表彰した取り組みや評価の理由を公開していることです。これが動物園の切磋琢磨につながり、年々表彰される取り組みのレベルが上がっていますから、今

お伝えしたような改善の積み重ねが少なくとも一部では行なわれていると言えます。もう1つ、実際にエンリッチメント大賞を受賞した大牟田市動物園は、日々の環境エンリッチメントやハズバンダリー・トレーニングの取り組みを積極的に発信しています。大牟田市は炭鉱の街なので人口減少が激しく一時期は廃園も取沙汰されましたが、市民運動によって存続が決まり、園長の椎原春一さんを軸として動物福祉と情報発信に力を入れたことで多くの市民に愛され、地域に不可欠な施設と認知されるに至りました（図5.10）。これもまた動物園の重要な可能性で、これらに共通するのは情報を公開して一緒に考える姿勢です。

なお、私が言っているのは、すべての取り組みを公開すべきだという話ではありません。5.2節の最後でWAZAの動物福祉戦略に言及したように、個別具体的な関係性には直観によってしか認識できない部分があるので、本質的に人に伝えられないものがあります。ただ、動物園が個別具体的な努力を積極的に情報発信して人々と一緒に考えることは、動物園のためにも社会のためにもなるはずだと、私は考えるのです。

これが動物園のためになるという話を補足すると、ここには第1章で紹介したAZA認証やJAZA審査の意義が関わってきます。つまり、動物福祉の向上を図ることで非加盟の施設との区分を明確にすることは、「動物園」というブランドの防衛戦略としても有効なのです。ファンドレイジングの場面を考えると、動物のための努力を人々にアピールすることで、動物が好きな人々をたんなる動物園ファンから寄付者などの支援者へと変えることにもつながります。第3章で見たシェーンブルン動物園はその実例です。日本では欧米より動物園への

図5.10 「動物福祉を伝える動物園」を標榜する大牟田市動物園は、エンリッチメント大賞2016で大賞に輝いた。モルモットの飼育環境も全面改良し、イベントに"出勤"するかどうかもモルモット自身に決めてもらっている。(写真提供：大牟田市動物園)

批判が弱いですが、これは動物福祉にコストを投入する経営上の合理性が小さいことを意味します。それは動物と飼育員にとっては不幸なことで、だからこそ善意の資金を集める必要性が高いとも言えます。

　以上、保全と動物福祉という 2 つのテーマを軸に、動物園になにができるのか、そこにどんな意味があるのか考えてきました。次節ではいよいよ日本の動物園のあり方を考えて、この本をまとめます。

5.9　これからの日本の動物園のあり方

　いろいろと考えてきましたが、じつは「動物園は必要なのか？」という問いに対する私なりの答えは「あったほうが良い動物園は存在しうる」です。逃げていると思われるかもしれませんが、そもそも動物という「理解しきれない存在」が相手なのですから、一律の基準で答えを出すほうが無理です。逆に一律の基準を主張している人がいれば、それは必ずしも客観的とは言えない要素（個人的な思いやそのときの状況など）を含んだ主張と理解すべきでしょう。

　私は、すべての動物園があったほうが良いと言うつもりはまったくありません。ただ、動物園の数が多すぎるという意見に対しては、数ではなく質の問題と考えます。小さいなら小さいなりに志を持ってやっていくことはできるからです。ただし、その場合は飼育動物の選び方（絞り込み）が重要で、先ほどご紹介した大牟田市動物園がこの本の冒頭で紹介したように「ぞうはいません」と宣言していたのはその典型です。

　一方で、すべての動物園を閉鎖したほうが良いといった主張は、いくらなんでも暴論だと考えます。そうなると、どこで線を引けるのかという問題が出てきます。環境省が「動植物園等公的機能推進方策のあり方検討会」を開いたことは第 2 章で触れましたが、この際に環境省は動物園と動物商を区分する根拠を見出せなかったとして動物愛護管理法関係の議論を打ち切って、種の保存法の改正に話を絞りました。この背景には環境省内の縦割りという問題もあるのですが、動物園に生物多様性保全のための公的機能（種の保存と環境教育）があると認める一方で、公的機能を持つ動物園とそれがない動物商を区分できないというのは褒められた話ではありません。生物多様性が危機に瀕して動物が入手困難になったとき、動物商はその動物から手を引けばすみますが、動物園が

公的機能を担うならいっそうの努力が求められるからです。

　ただし、これを厳密に区分することはおそらくだれにもできません。ここで必要なのは、法律にもとづくか否かにかかわらず便宜上の区分なのです。この点、JAZA の加盟審査には一定の価値があるのでより有意義な基準に高め続けることが大切で、前節で見た動物福祉も重要な要素になります。実際、JAZA は 2017 年に非加盟の 2 施設を念頭に「動物福祉に配慮した展示動物の飼育について」という声明を発表しています。このうち 1 つはショッピングモール内の動物園を自称する施設で 2019 年に閉鎖しました。もう 1 つはチンパンジーのショーで対立して JAZA を脱退した施設ですが、そのような施設との区分を自ら明確にすることは JAZA の重要な役割の 1 つでしょう。

　人間と動物の関係を個別具体的に考えないといけないように、1 つ 1 つの動物園がそれで良いのかという話も、めんどうではあっても個別に考えるべきなのです。1 つの動物園にも良い部分と悪い部分が混在しますから、良い部分を伸ばしつつ、悪い部分は改善すべきです。この点で、建設的な批判は動物園が背筋を伸ばすために大切な役割を果たします。ですからこの節では、どんな動物園ならあったほうが良いと言えるのかを整理して、この本のまとめとします。

　あらためて動物園がどのように役に立ちうるか整理すると、大きく 2 つの方向性があります。1 つは現役世代の幸福を増す方向で、もう 1 つは将来世代への配慮を強める方向です。

　このうち現役世代の幸福を増す方向としては、動物や世界をより良く理解するための取り組みと、より多くの人の気持ちに寄り添う取り組みがあげられます。前者は簡単に言えば教育普及ですが、動物園職員自身が動物をより深く理解して人々に伝えると同時に、来園者が快適に滞在できる空間づくりも含めて、より良い形で動物たちの生きている証と出会える場となることがイメージできます。これは魅力的な動物園づくりという話なので、その結果として来園者が増えたり観光客が見込めたりするかもしれません。そのこと自体は私が重視することではありませんが、より多くの人との関係を深めることは社会関係資本を形成するうえで不可欠なプロセスです。後者は動物福祉を軸とした取り組みで、たんに動物園自身が努力するだけでなく、その取り組みを伝えて人々と一緒に考えることで動物園を含めた地域社会をより良くしてゆくことが想定できます。これらはいずれも現役世代との関係を深めることですから、地域づくり

という価値もあります。

　もう1つの将来世代への配慮に関しては、さらに多様な取り組みが考えられます。生物多様性保全への直接的な貢献である域外保全はもちろん、技術的支援も含めた域内保全への貢献も可能ですし、環境教育（保全教育）を行なって持続可能な社会の構築に貢献できる人材を育成することも重要です。この際、環境教育の結果として保全のための資金が集まれば、より直接的な効果を持ちます。動物園自身が持続可能な社会の構築に貢献することも重要です。生息地で捕獲された（希少種以外の）野生動物の対価がきちんと現地に還元される仕組みづくりはその1つですし、第3章で見たチューリッヒ動物園では二酸化炭素の排出と吸収のバランスを意識した「カーボンニュートラル」の取り組みも行なっています（図5.11）。なによりも根源的な取り組みは、動物をより深く理解してなんらかの形にし続けることです。論文などの形で蓄積される調査研究はもちろん、飼育展示などに含まれるアートの部分も含めて新しい形を模索して継承することに意味があります。

　これらの役割を担う動物園職員に注目すると、動物をより深く理解し、熱心に活動する人材を育成し、養うことも動物園の役割と言えます。私の知人のなかには、動物園職員としてはきわめて熱心で尊敬に値するものの、他の部署ではやっていけそうになくて公務員としては問題児ではないかと思える人もいます。役所を辞めた私が言うのもなんですが、そのような人材を育成して養うという役割を、すでに日本の動物園も少しは果たしているのです。あらためて動物園が育成し、養う人材が持ちうる可能性を述べると、まず動物のあるべき姿（野生）を保つ飼育員（keeper）としての役割があります。次に、動物と密接に関わり、より深く理解するために試行錯誤する研究者や技術者としての役割があり、その一環で動物の生息地に関わることもありえ

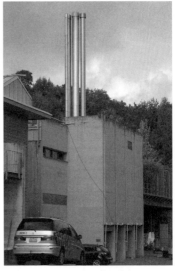

図5.11　チューリッヒ動物園ではカーボンニュートラルを目指して、ウッドチップを燃料とした暖房システムを用いている。

ます。さらに、動物のあるべき姿が伝わりやすい構造を用意する展示技術者としての役割も考えられます（日本で実現できている事例はごく限定的ですが）。そして、動物への自分なりの理解を人々に伝えて一緒に考える教育者としての役割もありますし、これらがうまく成立する状況をつくる経営者としての役割もあります。もちろん、これらすべてを1人の人間が担えるはずもないので、多種多様な人材で組織を構成する必要があることは言うまでもありません。

　このように動物園にはさまざまな可能性があり、すべてをまとめると、人間と動物の関係をより良くするために努力し続けると同時に、その努力を人々に提示して現役世代や将来世代のためになにが良いのか一緒に考え続けることが大切だと言えるでしょう。この際、言葉を重ねることでより良い姿を模索することは大切で、志を高く持つのであれば、そのような努力は不可欠です。ただし、言葉に限界がある以上、言葉にならない部分での試行錯誤も不可欠で、少なくとも言葉によって誤っていると決めつけるのはまちがいだと考えます。しかし、志が低いと批判することはできるでしょう。たとえば、海外産の希少動物を飼育展示しながら、その生息地の保全になんの貢献もしないのなら、それは志が低いと思います。

　大切なのは、私たち人間が世界（動物や自然）にきちんと向き合って、理解を深めながら共生を模索するという不断の試行錯誤と思索であり、そこに動物園の根本的な価値があると考えます。逆に言えば、動物園が志を高く持ち続けるためには、試行錯誤と思索の努力を放棄してはいけないのです。しかし、試行錯誤を続け、アドボケイターであり続ければ、世間一般からは奇妙なことをやったり、言ったりしていると思われることもあるでしょう。やはりこれは役所の論理とは相性が悪そうです。

　これを乗り越えるには、市場の原理である利用者負担と、税金という政府の資金に加え、寄付などの善意の資金をうまく組み合わせる仕組みが必要です。具体的には第3章で見たとおりで、利用者負担は経常経費で消えるので、ここを支えるには自治体を含めた政府の資金が必要です。投資的経費も政府の資金が軸になりますが、保全や動物福祉を追求してより良い施設を造るには善意の資金が必要です。国外での保全や研究には政府の資金も使えないので、善意の資金が軸になります。この他、動物を役所ではなく実際に管理できる組織が所有することや、動物への理解が深い組織が施設リニューアルに責任を持つこと、

そして施設リニューアルの計画を事前に公表して善意の資金を集めることなどがあげられます。なお、政府の資金がなければ動物園をやってはいけないのかと問われれば、必ずしもそうとは言わないのですが、動物園に保全や地域づくりといった公的機能がある以上、政府はなんらかの形で関わるべきでしょう。なお、AZA の認証基準には政府当局（Governing Authority）という項目もあって、政府の支援があることの証明を求めています。

　原則論としてはこのような話ができますが、制度をつくるのは人間なので、制度を変えられる余地を残すことも大切です。どの程度の柔軟さを残すべきかはむずかしい問題で、柔軟にしすぎると制度設計の主旨が台なしになりますが、堅くしすぎると想定外の事態に対応できなくなります。想定外の不利な状況に柔軟に対処する力を「レジリエンス」と言いますが、これは制度だけでは対応しきれない属人的な話にもなるので、動物園のことをきちんと理解したうえで、必要に応じて制度そのものを変えられる人材をうまく配置する組織づくりが求められます。2020 年のコロナ禍はその典型で、とくに利用者負担に頼る危険性が浮かび上がりました。ともすれば日本における動物園の評価は入園者数や入園料等の収入に偏る傾向があり、とくに役所は入園者数の増加を求めがちでしたが、これは長期的な人口減少のなかで無理があるのみならず、想定外の危機には対応できません。もちろん、善意の資金に頼るばかりが良いことではありません。大切なのは、基礎的な部分は利用者負担と政府の資金でしっかり支えたうえで、より良くする部分に善意の資金を充てる使い分けです。なお、2020 年に日本ファンドレイジング協会が開催した大会で報告されたのは、コロナ禍のような事態に柔軟に対応できているのは、物販などの自主財源と、政府などの助成金、そして寄付などの善意の資金といった財源の多様化ができていた団体だということです。

　このようなことをふまえて、具体的にどんな仕組みが良いのかと問われれば、日本の現行法の枠内では地方独立行政法人でどこまで良い仕組みを構築できるかの勝負だと考えます。しかし、第 3 章で見た米国やドイツ語圏の動物園の仕組みも想定すると、将来的には日本にも「公益株式会社」を導入して、地方自治体が筆頭株主となったうえで地域の人々も株主として参加することで、文字どおり「みんなの動物園」を実現するのがベストだと考えます。繰り返しになりますが、公益株式会社とは株主優待や株主総会はあるけど利益の配当はなく、

会社への寄付に税控除を認める仕組みです。

　以上、この節では動物園が果たしうる役割を整理したうえで、どのような仕組みなら日本の動物園が良くなれるのか検討しました。動物園だけで大したことができるわけではありませんが、それはたしかに世界を識るための努力の1つの形として、私たちの文化を構成する独特で重要な要素になっています。そうである以上、大切なのはその可能性を高め、より良い動物園を実現することです。そう考えたとき、動物園が最終的に目指すべきは、私たち人間が世界（動物や自然）をより深く理解し、共生するための試行錯誤と思索の場であり、重要なのは自分たちの努力を提示して、人々と一緒に考えてゆく姿勢だと言えるでしょう。これはけっして簡単なことではなく、失敗を含めた試行錯誤や他の人とは異なる主張をする場面も出てきます。それでも、自らの存在意義を賭けて志を高く掲げて取り組みを続けることこそ、動物園のあるべき姿でしょう。

　世界を知り、共生を探る。

　それこそが動物園が果たすべき役割だと、私は考えます。

5.10　第5章のまとめ

1. 世界中の動物を集めて動物園を造っているのは人間（ホモ・サピエンス）の特徴。人間の社会は「厳密な意味での人格」が合意形成とコストの負担を行ない、「社会的な意味での人格」の範囲を決める形で成立しているが、イヌなどの動物は集団の構成員でありうる一方で、「厳密な意味での人格」にはなりえないという矛盾を抱えており、私たちに認知的不協和を引き起こす。動物のなかには人間には理解しきれない部分が必ずあるので、動物園には理解しきれない存在に対してずっと気を遣う努力が求められる。

2. WAZAを牽引しているのは欧米豪の動物園で、彼らの社会には理論的に正しい答えを導けると考えたがる人が日本よりも多い。グローバリズム（汎地球主義）の論理には言語化できなければ認めないという姿勢があるが、言語化できない直観の部分は扱えないのでローカリズム（地域主義）との間で折り合いをつけることが重要。同様に、動物園には学問だけでなくアート（芸術・技）が必要。

3. 子どもにとっての動物園は、「生きている証に出会う」ことを通じて動物の

実在を確認できる場。動物園は飼育展示という「ウソ」のつけない形で動物の実在を証明してきた。私たちは 1 人 1 人が多様な動物たちと関わる原体験をすることで動物を理解し、世界への認識を深められるようになる。

4. 親にとっての動物園は、子どもに本物の動物を見せることで、私たちの文化が持つ世界の認識を伝えられる場。親は、動物園で子どもの成長を感じると同時に、自身も親として成長する。日本の動物園は子育て支援施設としても機能してきた。

5. 高齢者にとっての動物園は、自身の思い出の場であると同時に、自分がいなくなった後も存続して「思い出の世代間継承」を担う場。「子どものため」の動物園は、あらゆる成人に「次世代への貢献」の機会を提供しており、人生最後のテーマである自己統合に向けた価値を持つ。遺贈寄付はその典型的な形。

6. 世の中の経営資源は「市場の原理」「政府の資金」「善意の資金」の 3 種類に分けられる。政府の資金で実現できるのは「承認された公益」までで、「未承認の公益」を実現するには善意の資金が必要。日本でも政府はこの限界を自覚しており、寄付税制の改革もあったが、動物園はこれを有効活用できる体制になっていない。

7. 増え続ける世界人口は、生態系サービスの源である生物多様性を圧迫しており、いかに持続的に生活できる世界を構築するかが問われている。動物園は生物多様性の危機をいち早く察知して人々に訴え、保全を推進するアドボケイターになりうるが、これは政府の役割を超えているので、日本の動物園には構造改革が必要。

8. 動物園が存続する以上は動物福祉のあくなき追求も問われるが、これも未承認の公益にあたる。動物園なりの努力を積極的に提示して人々と一緒に考えることで、より良い人間と動物の関係を模索し続ける姿勢が大切。

9. 動物園が必要か否かは個別に考えるべきで、動物園にはより良くあろうと努力し続けることが求められる。具体的な方策は多岐にわたるが、最終的に目指すべきは、人間が世界（動物や自然）をより深く理解し、関わるための試行錯誤と思索の場であり続けること。政府の論理だけでは不可能なので、まずは地方独立行政法人、将来的には公益株式会社といった形が望まれる。

おわりに

　この本では動物園というごく普通にある施設の話をしましたが、その行き着いた先は私たち人間（ホモ・サピエンス）がいかに世界を認識するかという過程であり、同時に110億人にも達すると予測される人間がいかに地球上で暮らし続けられるのかという壮大な課題でした。

　「あとがき」から読む人もいるでしょうから、この本が狙ったことを振り返っておくと、まずは動物園に興味はあるけど業界事情はよく知らないという人を意識しました。基本的には高校生ならわかる言葉を選んだつもりです。ただし、就職するなら知っておいたほうが良い業界用語は一通り紹介することも意識しましたので、業界用語や略称が多くなったのはご容赦ください。同時に私なりの動物園論を端的に伝えることを狙いましたので、飼育展示の最前線ではなく動物園のあり方と経営の話に踏み込んでいます。とくに第5章は、これまでに私が学術論文や研究会などで発表してきた内容を組みなおしたものです。

　あらゆる学問は疑うことから始まると言われますが、私はそこそこ疑い深いようで、4つの目的論や『世界動物園水族館保全戦略』についても、ほんとうにそれで良いのかと自分なりに納得できる落としどころを探す作業を続けています。この本でも従来の枠組みを一回外して整理しなおし、現時点での私なりの落としどころを書きましたが、私自身これを見直し続けますので、みなさんにも頭から信じることはおすすめしません。他分野の本から気づくことも多いので読むべき本は山積みで、つねに更新され続けるこの作業に終わりはありません。もちろん、軸となる部分は私なりに根拠を持って書いていますので、疑問のある人は参考文献にあげた私の論文を読んでください。ただし、論文は専門用語が多くて文章も堅いので、その点は覚悟してください。

　論文は読めないけど、動物園のことはもっと知りたいというみなさんのために「さらに学びたい人へ」には初心者向けから上級者向けまで主要な文献を並べました。これらの本には、私が書いたことと違うことも書いてありますので、

どちらの妥当性が高いかみなさんなりに悩んでください。とくに動物そのものや飼育に関する理解については、私が飼育を仕事にしたことがない点もふまえて疑っていただいたほうが良いでしょう。ただ、私なりに動物園研究会の幹事や市民ZOOネットワークの理事として、飼育を論じる場面にずっと関わってきたので門前の小僧程度の知見はありますし、岡目八目と言うように一歩引いた立場の良さもあるでしょう。とくに現在はアニマルサイエンス学科にいるので、フィールドワークや動物行動学、動物福祉などの専門家と交流できています。私自身はおもに博物館関係の学会に所属していますが、大学という職場で哲学や心理学の専門家とも交流できることは、私なりの落としどころ探しにとても役立っています。

　私自身が大学受験で使った科目は物理・化学・数学で、生物は使わなかったのですが、その後6年間、教養学部から総合文化研究科というなにが専門かわかりにくい所属にいました。そこでのテーマは「リベラル・アーツ」と言われますが、私なりに噛み砕けば「教養を高めるための自由な技術」で学問の垣根を越えることが求められます。かくして私は理系に身を置きながら、生物を扱う動物園という社会的存在を扱うことになりました。ですから、私は「生物」や「動物園」というものをほぼ白紙の状態から理解することになったのです。それがうまくできたかどうかは疑っておくとして、この本では動物園に関する一定の経験と、多くの関係者とのネットワーク、それに動物学や博物館学など多様な学問分野から得た私なりの理解を書かせていただきました。

　ただし、言葉という道具は、書き手の思いすべてを読み手に伝えることはできません。表記された文字は書いた人の手を離れ、読んだ人それぞれの体験に照らし合わせて、その人なりの妥当性に従って解釈されます。それが、私たちホモ・サピエンスが使っている言葉という道具の限界です。第5章で自我と他我の問題に触れましたが、私たちホモ・サピエンスはおたがいを完全に理解し合うのは不可能で、まして動物のことは理解しきれません。それでも、言葉を積み重ねることには意味があります。学問というのは気づきの蓄積で、こう言えば伝わるのではないか、こう言ったほうが良いのではないかという試行錯誤を重ねて、より良い言い方を探す果てしない取り組みで、それが私たちにできる世界の理解の仕方の1つだからです。ですから、私なりの気づきの蓄積を私なりの言葉で伝えることは、今、みなさんにどれだけの妥当性をもって受け止

められるかわからなくても、いつか「こういうことだったのか」と気づいてもらったり、「こう考えたほうがいいんじゃないか」と洗練してもらう手がかりになるはずです。

　人間と野生動物の関係はそもそも切り離せませんが、今の世界では1つしかない地球での人間の影響力が大きくなりすぎて、人間自身の将来をも脅かしています。ですから、私たちは動物園を含む多様なチャンネルを通じて世界をより良く理解し、自身の行動を選択しなくてはいけません。同時に、動物園は生物多様性をモニターし、その危機に対する警報器および救難装置としての機能を高めなくてはなりません。私たち自身も、動物園も変化を求められているのです。私たちも動物園も変化し続けるのが前提ですから、この本に書いた言葉の妥当性は年月とともに低くなるはずですし、そうならなくてはいけません。

　私がみなさんにも自分自身にも期待するのは、どこかに正解がないかと探すのではなく、変化し続ける世界のなかで少しでも良い（妥当性の高い）ものを求め続け、自らも変化し続けることです。ときとして横道にそれたり、うまくいかないこともあるでしょうけど、それは発明王エジソンが「私は失敗したのではない。うまくいかない方法を見つけたのだ」と言ったように、より良いものに至るために必要な試行錯誤の過程なのです。

　だからこそ私は、動物園が最終的に目指すべき姿を、人間が世界（動物や自然）をより深く理解し、共生するための試行錯誤と思索の場であり続けることと表現しました。それは必ずしもうまくいくことばかりでないでしょうけど、試行錯誤と思索を続ける努力を放棄することは、より良い未来を模索する努力の放棄だと思うのです。動物園を巡っては賛否両論いろいろな主張がありますが、人間と野生動物の関係が切り離せない以上、その努力を放棄することなく、いっそう真剣に向き合うことが求められるでしょう。

　本書は、これまでにお世話になったみなさまのお力添えの賜物です。動物園関係のみなさま、静岡市役所やオマハ市関係のみなさま、帝京科学大学関係のみなさまなど、お名前をあげ始めればきりがないので、ここではとくに私が大きな影響を受けた方のうち本文で紹介しなかったお二方の名前をあげさせてください。東京大学名誉教授で東京動物園ボランティアーズ TZV 会長でもあった正田陽一先生には、私が上野動物園実習生だったころから親しくお世話になり、逝去されるまでエンリッチメント大賞審査委員長を務めていただきました。

先生の動物に対する温かい眼差しと動物園に対する複雑な思いは、私の原点の
1つです。東京大学名誉教授で神奈川県立生命の星・地球博物館の初代館長で
あった濱田隆士先生には、私が同館での学芸員実習の後、博物館学担当学芸員
つきボランティアとして研究会に参加するなど貴重な機会をいただきました。
どこまでも広がる茫漠たる世界を大づかみにしながら、可能性を切り拓くため
の試行錯誤を重ねる姿勢もまた、私の原点になりました。

　最後に、本稿を形にするにあたっては、日本大学特任教授でよこはま動物園
ズーラシア園長の村田浩一先生、成城大学の打越綾子先生、元 WCS 展示グラ
フィックアーツ部門の本田公夫様、そして東京大学出版会編集部の光明義文様
に貴重なご助言を賜わりました。また、sirokumao 様にはすてきなカバーイラ
ストを、川端裕人様には帯にメッセージを頂戴いたしました。なお、本書では
随所に私の子と妻の写真が登場します。これらの写真はたんなる家族写真とし
て撮影したものでしたが、私なりの動物園論を組み立てるうえで大いに役立ち
ました。発達心理学者のジャン・ピアジェは自分の子どもを観察して理論構築
したことで有名ですが、私もずいぶんとその着想に助けてもらいました。

　この本で紹介した私なりの気づきが、みなさまの動物園への理解を深め、日
本の動物園を良くする一助となってくれれば、それに過ぎる喜びはありません。

　2022 年 1 月

佐渡友陽一

さらに学びたい人へ

〈Part. 1　動物の命と向き合う〉

きっか（2016）『動物園でもふもふお世話中！』KADOKAWA

　新人飼育員が井の頭自然文化園で働いてみたら、というシチュエーションを描いたコミック。動物園を舞台にしたコミックは数ありますが、同園が実名で登場するだけあって監修に妥協がないのが本書の特徴。飼育員の仕事を知りたい人は必読です。

sirokumao（2021）『クマが肥満で悩んでます——動物園のヒミツ教えます』
　　　KADOKAWA

　市民ZOOネットワークのスタッフとして、エンリッチメント大賞の候補になった園館へ調査に行った際の見聞をもとにしたコミック。動物ごとのエンリッチメントやハズバンダリー・トレーニング、それにエンリッチメント大賞の仕組みがよくわかります。

片野ゆか（2015）『動物翻訳家——心の声をキャッチする飼育員のリアルストーリー』集英社

　エンリッチメント大賞を受賞した４つの取り組みを取材したノンフィクション。動物たちの心の声をキャッチする「動物翻訳家」としての飼育員の姿を丁寧に描いています。動物福祉の向上に取り組む飼育員たちの努力をご覧ください。

坂東元（2008）『夢の動物園——旭山動物園の明日』角川学芸出版

　旭山動物園副園長（当時）だった坂東さんが、どのように動物たちを見つめ、向き合ってきたかを自ら書き起こした一冊。「いのちとはなにか」「野生動物と

はどういう存在か」をつねに問いかけ、突き詰めようとする坂東さん独自の視点を感じてください。

川口幸男・ルークロフト，アラン（2019）『動物園は進化する――ゾウの飼育係が考えたこと』ちくまプリマー新書

ゾウの飼育は動物園最大のテーマの１つです。上野動物園で長年ゾウ飼育に携わり、日本のゾウ飼育界を牽引してきた著者が、あらためてそのあり方を見直したときになにが見えるのか。つねに自らのあり方を見直し、改善する不断の努力がここにあります。

〈Part.2　動物園を考える〉

川端裕人・本田公夫（2019）『動物園から未来を変える――ニューヨーク・ブロンクス動物園の展示デザイン』亜紀書房

日本の動物園を「やりがい搾取で成り立っている」と言う一方、世界最先端のブロンクス動物園を「腐っても鯛」と評する一冊。世界最先端の動物園を詳細に紹介しつつも、けっして満足せず、より良い未来を模索し続ける姿勢があります。

川端裕人（1999 初版）『動物園にできること――「種の方舟」のゆくえ［第 3版］』BCCKS Distribution

上記の『動物園から未来を変える』を生み出す原点になった一冊。ジャーナリストである川端さんが 1990 年代末に米国各地の動物園を巡って、当時の最先端の状況を多角的に紹介しつつ、つねに批判的な視点を忘れない好著で、動物園に批判的な論者による「ブロンクス裁判」といった独自の挑戦もあります。

小菅正夫・岩野俊郎（2006）『戦う動物園――旭山動物園と到津の森公園の物語』（島泰三編）中公新書

廃園の危機から不死鳥の如く大きく羽ばたいた旭川市旭山動物園と、民営で閉園し北九州市立でリニューアルオープンした到津の森公園の 2 人の園長が語る動物園の復活秘話。市役所のなかの動物園の立ち位置や市民社会とのつながりなど、日本の動物園を考えるために不可欠な一冊です。

村田浩一・成島悦雄・原久美子編（2014）『動物園学入門』朝倉書店
　「動物園学とはなにか」をまず形にしようとした一冊。歴史学、生物学、保全生物学、飼育管理学、獣医学、展示学、教育学、福祉学（動物福祉）、経営学といった章立てで、動物園学の幅の広さを垣間見ることができます。

石田戢（2010）『日本の動物園』東京大学出版会
　動物園を総合的に理解したいのなら、必読書はこれ。東京都の動物園（上野・葛西・井の頭・多摩）を歴任した後、ヒトと動物の関係学会長も務めた著者が膨大な蓄積と深い洞察から紡ぎ出す記述は、じっくりと考えさせる力があります。なお、読解力が必要なので上級者向けです。

錦織一臣編著（2018）『大人のための水族館ガイド』養賢堂
　あえて動物園以外の本を1つあげるならこれ。読みやすいなかにも深い論点があり、動物園水族館のみならず、人と動物の関係を考えるうえでも役立つ本です。

世界動物園水族館協会（2015）『世界動物園水族館保全戦略』
世界動物園水族館協会（2015）『世界動物園水族館動物福祉戦略』
　いずれも世界の動物園水族館の潮流を知るうえでのバイブルです。日本語版をダウンロードできますので、ぜひご一読ください。

日本動物園水族館協会（2020）『改訂版　新・飼育ハンドブック　動物園編　1-5』
　JAZAによる飼育員の教科書で、動物園編と水族館編それぞれ5冊のシリーズです。JAZAが認定する飼育技師試験の必読テキストですが、各動物園の正規職員採用試験で出題されることもあります。

主要参考文献

[英文]

Conway, William (1999) "The Changing Role of Zoos in the 21st Century", Keynote for Annual Conference of WZO

Gray, Jenny (2017) "Zoo Ethicsi: The Challenges of Compassionate Conservation", Comstock Pub

Hanson, Elizabeth (2002) "Animal Attractions: Nature on Display in American Zoos", Princeton University Press

Kisling, Vernon *et al.* (2001) "Zoo and Aquarium History", CRC Press

Norton, Bryan *et al.* (1995) "Ethics on the Ark: Zoos, Animal Welfare, and Wildlife Conservation (Zoo & Aquarium Biology & Conservation)", Smithsonian Books

Shepherdson, David *et al.* (1998) "Second Nature: Environmental Enrichment for Captive Animals (Zoo & Aquarium Biology & Conservation)", Smithsonian Books

Sheridan, Anthony (2011) "What Zoos Can Do: The Leading Zoological Gardens of Europe 2010-2020", Schüling Verlag Münster

Sheridan, Anthony (2016) "Zooming in on Europe's Zoos", Schüling Verlag Münster

Zimmermann, Alexandra *et al.* (2007) "Zoos in the 21st Century: Catalysts for Conservation? (Conservation Biology, Series Number 15)", Cambridge University Press

[和文]

浅倉繁春 (1994)『動物園と私』海游舎

伊勢田哲治 (2008)『動物からの倫理学入門』名古屋大学出版会

一ノ瀬正樹・新島典子編『ヒトと動物の死生学』秋山書店

伊東剛史 (2006)「19世紀ロンドン動物園における科学と娯楽の関係」社会経済史学, vol. 71, no. 6, pp. 681-703

上山信一・稲葉郁子 (2003)『ミュージアムが都市を再生する』日本経済新聞社

鵜尾雅隆 (2014)『改訂版 ファンドレイジングが社会を変える』三一書房

打越綾子 (2016)『日本の動物政策』ナカニシヤ出版

エリクソン, E. H. (1989)『ライフサイクル、その完結』(村瀬孝雄・近藤邦夫訳) みすず書房

エンゲルハート, H. T. (1988)「医学における人格の概念」加藤尚武・飯田亘之編『バイオエシックスの基礎』東海大学出版会, pp. 19-33

遠藤功 (2010)『未来のスケッチ』あさ出版

大堀哲 (1999)「博物館とはなにか」鈴木眞理編『改訂 博物館概論』樹村房, pp. 1-19

小河原孝生 (2003)「環境学習のためのプログラムづくりと施設・人材そして科学的視点の重要性」日本動物園水族館協会『動物園・水族館での教育を考える 教育方法

論研究報告書』pp. 1-11

カーソン，レイチェル（1996）『センス・オブ・ワンダー』（上遠恵子訳）新潮社

川添裕（2000）『江戸の見世物』岩波新書

木下直之（2018）『動物園巡礼』東京大学出版会

小菅正夫（2006）『〈旭山動物園〉革命』角川書店

児玉敏一ほか（2013）『動物園マネジメント――動物園から見えてくる経営学』学文社

コトラー，フィリップ・コトラー，ニール（2006）『ミュージアム・マーケティング』（井関利明・石田和晴訳）第一法規

小宮輝之（2010）『物語上野動物園の歴史』中公新書

佐々木時雄（1975）『動物園の歴史』西田書店

佐々木時雄・佐々木拓二編（1977）『続・動物園の歴史』西田書店

佐々木芽生（2017）『おクジラさま　ふたつの正義の物語』集英社

佐藤衆介（2005）『アニマルウェルフェア――動物の幸せについての科学と倫理』東京大学出版会

佐渡友陽一（2015）「日本における動物園教育の理念生成と変容」生涯学習・社会教育研究ジャーナル，vol. 9, pp. 23-47

佐渡友陽一（2016）「日本の動物園水族館における教育部門の成立と発展」博物館学雑誌，vol. 41, no. 2, pp. 13-43

佐渡友陽一（2017）「日米独の動物園経営組織に関する研究」平成27-28年度科研費報告書（課題番号15H06705）帝京科学大学学術リポジトリ

佐渡友陽一（2018）「動物園水族館における非正規職員」博物館研究，vol. 53, no. 7, pp. 19-22

佐渡友陽一（2019）「日本における動物園学の展開とガバナンスの問題」博物館学雑誌，vol. 45, no. 1, pp. 1-32

佐渡友陽一（2020）「日本の動物園の実像とあるべき姿との差異、そして経営形態に伴う構造的限界」博物館学雑誌，vol. 45, no. 1, pp. 17-50

佐渡友陽一・榊原健太郎（2021）「人と動物の関係の矛盾――認知的不協和との葛藤と動物園水族館の可能性」動物観研究，no. 26, pp. 21-32

椎名仙卓（2005）『日本博物館成立史』雄山閣

シップマン，パット（2015）『ヒトとイヌがネアンデルタール人を絶滅させた』（河合信和・柴田譲治訳）原書房

ジャミーソン，デール（1986）「動物園反対論」ピーター・シンガー編『動物の権利』（戸田清訳）技術と人間，pp. 184-200

白輪剛史（2014）『動物の値段――満員御礼』角川文庫

ダイアモンド，コーラ（2010）「現実のむずかしさと哲学のむずかしさ」中川雄一訳『〈動物のいのち〉と哲学』春秋社，pp. 77-131

鑪幹八郎（2002）『アイデンティティとライフサイクル論』ナカニシヤ出版

タッジ，コリン（1996）『動物たちの箱船』（大平祐司訳）朝日新聞社

田中正之（2013）『生まれ変わる動物園』化学同人

土居健郎（2007）『「甘え」の構造［増補普及版］』弘文堂

東京都（1982）『上野動物園百年史』東京都生活文化局広報部都民資料室

中川志郎（1975）『動物園学ことはじめ』玉川大学出版部

成島悦雄編著（2011）『大人のための動物園ガイド』養賢堂

日本動物園水族館協会（2016）『日本動物園水族館協会 75 年史』日本動物園水族館協会

日本ファンドレイジング協会（2017）『寄付白書 2017』

日本放送協会（2009）『プロフェッショナル　仕事の流儀　すべて、動物から教わった
　　動物園飼育員　細田孝久の仕事』（DVD）

早瀬昇（2018）『「参加の力」が創る共生社会』ミネルヴァ書房

ハラウェイ，ダナ（2013）『伴侶種宣言』（永野文香訳）以文社

原子禅（2005）『旭山動物園のつくり方』柏艪舎

ハラリ，ユヴァル・ノア（2018）『ホモ・デウス［上］』（柴田裕之訳）河出書房新社

ヘディガー，ハイニ（1983）『文明に囚われた動物たち——動物園のエソロジー』（今泉
　　吉晴ほか訳）思索社

本田公夫（2006）「日本の動物園の現状と課題」畜産の研究，vol. 60, no. 1, pp. 183-198

溝井裕一（2014）『動物園の文化史——ひとと動物園の 5000 年』勉誠出版

無藤隆（1994）『赤ん坊から見た世界——言語以前の光景』講談社現代新書

無藤隆（2003）「子どもにとって生き物とは——発達心理学からの見方」日本動物園水
　　族館協会『動物園・水族館での教育を考える　教育方法論研究報告書』pp. 13-18

メルロ＝ポンティ，モーリス（2011）『知覚の哲学——ラジオ講演 1948 年』（菅野盾樹
　　訳）筑摩書房

メルロ＝ポンティ，モーリス（2014）『行動の構造［上］』（滝浦静雄・木田元訳）みす
　　ず書房

モーンハウプト，ヤン（2019）『東西ベルリン動物園大戦争』（黒鳥英俊監修・赤坂桃子
　　翻訳）CCC メディアハウス

矢野智司（2002）『動物絵本をめぐる冒険』勁草書房

養老孟司（2009）『かけがえのないもの』新潮文庫

ロレンツ，コンラート（1987）『ソロモンの指輪——動物行動学入門』（日高敏隆訳）早
　　川書房

若生謙二（2010）『動物園革命』岩波書店

鷲田清一（2009）「人間性と動物性」奥野卓司・秋篠宮文仁編『ヒトと動物の関係学
　　第 1 巻　動物観と表象』岩波書店，pp. 305-313

渡辺守雄・山本茂行ほか（2000）『動物園というメディア』青弓社

索引

著者略歴

佐渡友陽一（さどとも・よういち）

1973 年　石川県生まれ，静岡県育ち．
1996 年　東京大学教養学部基礎科学科第二卒業．
1998 年　東京大学大学院総合文化研究科広域科学専攻修士課程修了．
　　　　　静岡市役所（日本平動物園を含む）勤務を経て，
現　在　帝京科学大学アニマルサイエンス学科講師．
専　門　動物園学（博物館学）．
主　著　『いま動物園がおもしろい』（共著，2004 年，岩波ブック
　　　　　レット）ほか．

動物園を考える
日本と世界の違いを超えて

2022 年 3 月 15 日　初　版
2023 年 11 月 5 日　第 4 刷

［検印廃止］

著　者　佐渡友陽一

発行所　一般財団法人　東京大学出版会

代表者　吉見俊哉

153-0041　東京都目黒区駒場 4-5-29
電話 03-6407-1069　Fax 03-6407-1991
振替 00160-6-59964

印刷所　株式会社精興社
製本所　牧製本印刷株式会社

Ⓒ 2022 Yoichi Sadotomo
ISBN 978-4-13-062232-5　Printed in Japan

JCOPY〈出版者著作権管理機構　委託出版物〉
本書の無断複写は著作権法上での例外を除き禁じられています．複写される場合は，そのつど事前に，出版者著作権管理機構（電話 03-5244-5088，FAX 03-5244-5089，e-mail: info@jcopy.or.jp）の許諾を得てください．

石田戢

日本の動物園————A5 判/264 頁/4000 円

内田詮三・荒井一利・西田清徳

日本の水族館————A5 判/240 頁/3600 円

佐藤衆介

アニマルウェルフェア————四六判/208 頁/2800 円
動物の幸せについての科学と倫理

羽山伸一

野生動物問題への挑戦————A5 判/180 頁/2700 円

浅川満彦

野生動物医学への挑戦————A5 判/208 頁/2900 円
寄生虫・感染症・ワンヘルス

中山裕之

獣医学を学ぶ君たちへ————A5 判/168 頁/2800 円
人と動物の健康を守る

ここに表示された価格は本体価格です．ご購入の際には消費税が加算されますのでご了承ください．

こちらも
おすすめ！

東京大学出版会
営業局キャラクター
くまきち